快乐先生妙语

HaPPy 情爱乐道

余惕君 著

江西高校出版社
JIANGXI UNIVERSITIES AND COLLEGES PRESS

图书在版编目(CIP)数据

快乐先生妙语. 情爱乐道 / 余愓君著. — 南昌：江西高校出版社，2017.11

ISBN 978-7-5493-6207-3

Ⅰ. ①快… Ⅱ. ①余… Ⅲ. ①快乐—通俗读物 Ⅳ. ①B842.6

中国版本图书馆 CIP 数据核字(2017)第 256929 号

出版发行	江西高校出版社
责任编辑	宋美燕
社　　址	江西省南昌市洪都北大道 96 号
总编室电话	(0791)88504319
销售电话	(0791)88517295
网　　址	www.juacp.com
印　　刷	江西千叶彩印有限公司
经　　销	全国新华书店
开　　本	890 mm × 1240 mm　1/32
印　　张	16
字　　数	210 千字
版　　次	2017 年 11 月第 1 版
印　　次	2018 年 5 月第 2 次印刷
书　　号	ISBN 978-7-5493-6207-3
定　　价	120.00 元(全三册)

赣版权登字-07-2017-1272

目录

情之缘，源于情

HaPPy

喜　悦

成功的喜悦，源于失败的悲哀；相聚的欢快，源于别离的伤感。

康　　复

在爱人身上造成创伤，只需短短几秒，康复它，却需漫长时光。

距　　离

极目远眺，天地相接。距离，产生美感，也产生误解。

优　　点

能容忍另一半的缺点，正是这一半的优点。

择偶定律

兔子可吃窝边草，好马应吃回头草。天涯何处无芳草？

爱　情

一棵娇贵的树，砍掉它，只要一时；培植它，需要一世。

真　爱

像铁轨，千锤百炼。无限延伸，看不到头。

美 满 婚 姻

分享对方爱好，承担对方烦恼，痛苦着彼此的痛苦，快乐着彼此的快乐。

情　　感

如同抱气球，太松就掉，太紧就爆。

努　　力

爱一个人，靠际遇；终身爱一个人，靠努力。

保　　鲜

爱情如何保鲜？时时犹如初见。

快乐先生妙语 008

包　围

人生最美时，就是被爱包围时。

优　缺　点

总说你缺点的人，是爱你人的人；只说你优点的人，是爱你钱的人。

幸　福

在家，看到她在看我；在外，想到她在想我。

对　　象

买鞋子，不求最贵，但求合适；找对象，不求最美，但求般配。

甜　　蜜

相识是机遇，相交是引力，相知是默契，相恋是甜蜜。

亲　　人

告诉你月亮有多圆的——情人；告诉你菜价有多贵的——亲人；“哥，喝吧，喝吧，没关系”——情人；“死鬼，少喝点，少喝点”——亲人。

相　伴

宁要平平淡淡的温馨相伴，不要轰轰烈烈的生死相恋。

成功的女人

都说：成功的男人背后，一定有一个默默无闻的女人；我说：狂购的女人背后，一定有一个倾力支持的男人。

保 持 笑 容

尽管失恋，也保持笑容。

谈情说爱

“情”为什么是“谈”？“谈”：言、炎，火辣的语言。“爱”为什么是“说”？“说”：言、兑，言语要兑现。

认　识

结识一个人，只要一时，认清一个人，需要一世。

缘

人生相识是缘，是否相惜，决定能否后延。

承　诺

承诺与爱相伴。爱没了，承诺安在?承诺没了，爱安在?

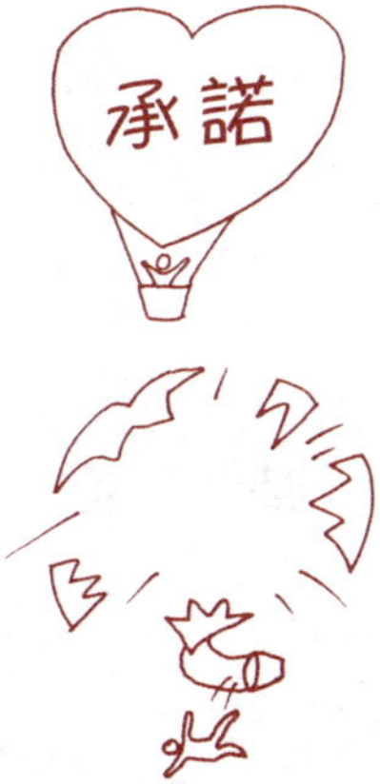

快乐先生妙语

014

源

爱如长流水，“伴”是快乐源。

吃　醋

吃醋的可能结果：爱情变酸。

情　话

心中有牵挂，才有绵绵情话。

容　易

说爱很容易的，往往很容易爱。

情　人

情人眼里，出得了西施，容不了沙子。

大致相等

催老公回家时，老公说：快了，快了。等老婆出门时，老婆说：来了，来了。两者所费的时间，大致相等。

婚　　后

古代，认识新娘是在新婚；现代，认清新娘是在婚后。

陷　　阱

多情、移情，婚姻陷阱。

相　　信

任何事可信，绝不迷信——包括爱情。

唤　醒

有时，爱情牺牲了，生命唤醒了；有时，生命牺牲了，爱情唤醒了。

胡　话

热恋时说胡话，只因“高烧”不退。

恩　爱

回忆甜蜜，忘却不快。

速　配

速配，往往与速离相随。

找

找另一半，有人用一阵子，有人用一辈子。

痛　苦

或是爱上一个不爱你的人，或是不被一个你爱的人所爱。

随　缘

爱要随缘，不随便。

俘　获

俘获男人的心，先要俘获他的胃；俘获女人的胃，先要俘获她的心。

理想女人

在外，感性；在家，性感。

疼

女人让男人心疼——婚前；女人让男人头疼——婚后。

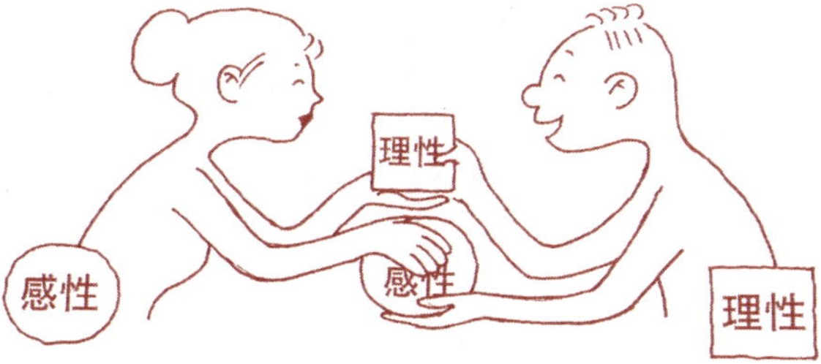

感性与理性

爱情因感性而浪漫，婚姻因理性而漫漫。

虚　荣

女人爱虚荣，可能多用一些金银；男人爱虚荣，可能牺牲一生光阴。

理　想

爱情生活的理想——为了理想的爱情生活。

封　面

一个好女人，如一本耐看的书，脸蛋是封面，涵养是内页。

争　论

平息夫妻争论一般律——以老婆的最后一句话结尾。

点　　赞

女人的兴趣在打扮，男人的兴趣在名声。打动女人芳心，用服饰；赢得男人欢心，用点赞。

三“浪”

女人对男人的希望——少浪费，不浪荡，能浪漫。

好　男　人

好丈夫，好父亲，好儿子。

广度与深度

追求广度，往往是男人；追求深度，往往是女人。是事业，更是爱情。

三　养

女人美丽靠“三养”：营养、保养、修养。

傻

恋爱往往使人变傻。男人，装傻；女人，真傻。

奢　望

男人对女人的奢望——如肉包，味道鲜美；如比萨，外貌光彩。

黄　金

男人希望女人视黄金如粪土，女人希望男人把粪土变黄金。

爱

不求回报的付出 + 无尽的包容 = 爱

脚

女人的脚，跟着心走；男人的心，跟着脚走。

男女之别

男人重义，女人重情；男人理性，女人感性；男人重伦理、忠义；女人重家庭、爱情。

潜　力

聪明女人，看男人眼前实力；智慧女人，看男人长远潜力。

忧　痛

男为财死，常为物质匮乏而忧；女为情伤，常为感情失落而痛。

难

世上难事莫过于：男人观赌不下注，女人逛街不购物。

女 人 味

女人的美貌是画，女人的气质是诗，女人的韵味是诗配画。

缘 分

相识是缘，相惜是份；相识不惜，有缘无分；相识相惜，有缘有份。

爱情的忠告

树林里有许多树，不要沉湎于一棵树；树林里有许多树，千万不要迷了路。

小 男 人

把自己说小的，往往是大丈夫；把自己说大的，往往是小男人。

生　气

女人真生气，是因为不满意；女人假生气，是为了增加甜蜜。

好 丈 夫

出门是绅士，理财是谋士，育子是博士，体贴是护士。

悲　剧

男人有钱，女人有貌，可成喜剧，也可成悲剧。

爱

男人用眼，易被外貌迷惑；女人用心，易被情感伤害。

崇　　拜

女人喜欢她崇拜的男人，男人喜欢崇拜他的女人。

好　妻　子

家务，不撒手；有事，不撒气；争吵，不撒野；轻易，不撒娇。

神　　秘

魅力，来自深层，包括大海，包括男人；神秘，来自朦胧，包括迷雾，包括女人。

逛

逛，发狂地走。商场的吸引，源于商品的丰富，加上女人的狂走。

快乐先生妙语

036

反　话

“讨厌”其实是“喜欢”，“不理你”就是“很想你”，“你真坏”是让你“继续坏”，听话听反话，不会当傻瓜。

吸引男人

与其改变发型，不如温柔多情。

聪　明

聪明的男人，能让女人觉得他聪明，更聪明的男人，能让女人觉得没她聪明。

头大与胸大

男人头大，因为喜欢把问题放在脑里；女人胸大，因为喜欢把问题放在心里。

快乐先生妙语038

痛　苦

或是因为追求得不到的东西，或是因为爱上了不该爱的人。

尽　管　说

女人尽管说：男人的话能算数，猪也会上树；又说：宁愿相信世上有鬼，不要相信男人的嘴。但，女人用耳朵恋爱，最终还是相信男人的嘴。

需　要

爱的最大需要是被需要。

爱情之路

女人希望精彩不断，男人想着一步到站。

爱

有些爱，是记忆，可以忘却；有些爱，是烙印，无法除却。

缘

无缘，走近的，会远去；有缘，远去的，会走近。

失　恋

真懂人生者，须经失意；真懂爱情者，须经失恋。

真 心 换 爱

用钱去谈爱，难以有真爱；用钱买的爱，转身也能卖；真心换的爱，千金也难买。

依恋

浪漫，爱情的早期形态；热恋，爱情的巅峰时态；依恋，爱情的持久状态。

爱欲

愿付出的，是爱；想占有的，是欲。心，是爱；体，是欲。

终生朋友

成为朋友，是因为做相同的事；成为终生朋友，是因为做互补的事。

放　手

爱不成，则生恨，那是爱的毁灭；爱不成，则放手，转身才显真爱。

出　彩

爱的出彩，常在细节。

孔　雀

孔雀开屏，也露出屁股——炫耀，易现丑态。

留　白

国画留白，添一段余念；亲密有间，增一层思念。

调　　情

当众调情，是幽默；

单独调情，是诱惑；

适时适所，是艺术；

无从用心，是快活。

门不当户不对

自己片面，要求对方全面；自己缺陷，要求对方完美。婚姻难，难在门不当户不对。

外　　遇

火车出轨，翻落山坡；感情出轨，坠入深渊——外遇也是事故。

爱情悲剧

真情对真情——喜剧；假意对假意——闹剧；真情对假意——悲剧。

诱

“诱”，言字旁，一个秀，那是言语作秀。

不　幸

没女人爱，不幸；许多女人爱，很不幸。

内 在 美

外在的美，只抵眼睛；内在的美，直抵人心。

平 淡

灯，有亮有灭；潮，有涨有退；花，有开有谢；太阳，有升有落。所有的平淡都能变成激情，所有的激情都将归于平淡。

相 由 心 生

境由心造，心静，境就静；相由心生，心美，人就美。

热　诚

热心而诚恳——走进别人内心的通行证。

快乐先生妙语 050

泪

泪，有时没水值钱，只为私情。有时比金值钱，只为大义。

计　较

当你不计较别人的爱，你就得到许多人的爱。

世　界

智者，以爱人拥有世界；愚者，为爱人放弃世界。

HaPPy

让爱情保鲜

不　　足

在不足中看到美，在美中看到不足，适用于：爱情、生活、工作。

痛　　苦

痛苦是由于得不到，更痛苦是由于得到又丢掉，最痛苦是由于丢掉了，才知道有多重要。

失　　去

离你而去者，不是你失去了他，而是他失去了你。

快乐先生妙语 054

恋　爱

若把恋爱当练爱，恋爱也就成了滥爱。

爱能止恨

恨不止恨，爱能止恨，仁爱抚平伤痕。

大　爱

一滴水怎样才能不干？放入大海；一段情怎样才能不竭？融入大爱。

来　去

去了又来，天上的云、人间的情；来了又去，袋里的钱、恋人的心。

博　爱

比情爱更大的是友爱，比友爱更大的是博爱。

关　爱

没有营养，人会生病；没有关爱，社会生病。

惋　惜

平常的美丽，平常时体会不到；拥有的东西，失去时才会惋惜。

大爱与小爱

人之烦恼在“小爱”，嗔慢我执，无病呻吟；人之欢乐在“大爱”，心胸开阔，法喜充盈。

快乐先生妙语 058

自　　由

如果你希望自由，先给对方自由。

主　　义

少女，理想主义；恋爱，浪漫主义；婚后，现实主义。

控　　制

你想控制的，也会控制你。不仅仅是权力、金钱，也包括情感。

老　来

给孩子最大的方便——老了不给孩子添麻烦。

处世良方

珍惜点滴因缘，是处世良方；感恩一切所得，是快乐妙方。

和而不同

七彩调和成美景，七韵调和成佳音；存而不争方和谐，和而不同天下平。

自　　爱

过于自爱，一无所为；不懂自爱，无所不为。

优　　点

时时发现别人的优点，正是你可贵的优点。

品　　人

饮酒知酒品，品人知人品。

发　现

眼睛只是看见，用心才能发现。

朋　友

朋友像文物，越老越珍贵；朋友像好酒，越陈越有味。

更　动　听

比“我爱你”更动听的是：“我已习惯了你的爱”。

放　弃

因为无知，不放弃该放弃的；因为无能，放弃了不该放弃的。

微　　笑

世界通用的语言，人生旅途的护照。

乐　观

从琐事中，看出乐趣；从逆境中，看到光明。

感　恩

摄影，用镜头留住美景；感恩，把深情定格在心灵。

计　算

朋友间，可计算，不可算计。

纯　　度

泡茶靠温度，挖井靠深度，思维靠广度，友谊靠纯度。

平　衡

爱的平衡，源于两颗重量相同的心。

对

生活中有对与不对，以开放的心态包容不对——那才对！

白头偕老

白头偕老的公式：（女人的付出＋男人的责任）×双方的宽容。

好　婚　姻

有弹性，有韧性，放得开，扯不断。

跳　　舞

你进一步，我退一步；我进两步，你退两步。——夫妻和谐如跳舞。

夫 妻 和 睦

看对方优点，把眼睛瞪大；看对方缺点，把眼睛眯起。

良　方

不试图改造对方——婚姻持久的良方。

心　房

美满家庭，既靠住房，更靠心房，屋宽不如心畅。

贤　妻

做“贤”妻，不做“闲”妻，更不做“嫌”妻。

婚　　姻

可以是项链，也可以是锁链。

快乐先生妙语070

指　　点

婚后，可指点，但不指指点点。

妥　　协

婚姻是一所学校，重要的一课是妥协。

完　　美

婚姻的完美，往往源于包容双方的不完美。

水

爱情如水。婚前，是糖水；婚后，是茶水。

珍　惜

曾经拥有的，不忘记；属于自己的，不放弃；已经得到的，要珍惜。

一吐为快

一吐为快的结果，往往是脏了别人，乐了自己。

发　现

从对方身上发现什么，取决于自己具备什么。

筷　子

成双成对，终身相伴；相互协力，不弃不离；终身搭配，适度距离。

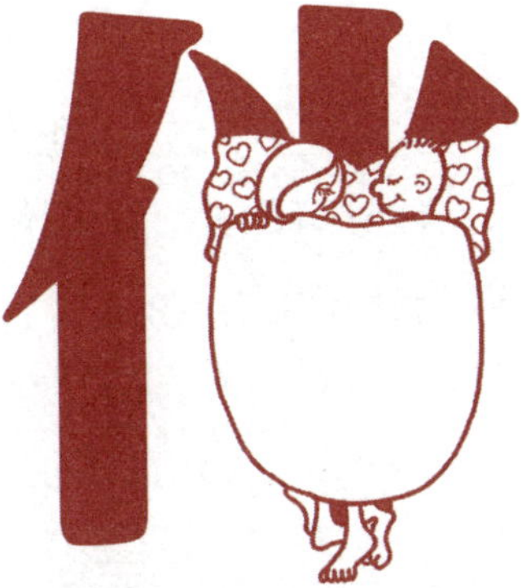

共　担

快乐，两个人分享，加了一倍；痛苦，两个人共担，少了一半。

一团和气

你称我的心，我顺你的意；你不给我添痛苦，我给你增乐趣。

关　心

幸福的婚姻，关心对方；平淡的婚姻，关心自己；不幸的婚姻，关心第三方。

更　可　怕

夫妻怕吵架，比吵架更可怕的是没话。

抵　御

婚前，要忍受孤独；婚后，要抵御诱惑。

深　爱

快乐着你的快乐，是简爱；痛苦着你的痛苦，是深爱。

复　印　机

世代相传，生命就如复印机。父母是原件，儿女是复印件。

注　　视

婚前，常相互凝视；婚后，向同一方向注视。

平　视

见高不高，见低不低；见贫不嫌，见富不媚。不仰视，不俯视。

爱　心

人持爱心，利人利己。行善福至，福虽未到，祸已远离；行恶祸至，祸虽未到，福已远离。

清泉之爱

助人之心就像从心底流出的清泉，长流不息，滋养他人，滋润自己。

过 不 去

与别人过不去，是因为常与自己过不去。

表　现

聪明的人，显露自己的闪光面；智慧的人，显现别人的闪光面。

尊　重

你希望别人怎么对待你，就应怎么去对待别人。

真　快　乐

一人乐，乐不久；众人乐，能常乐。

同　　事

把同事看成魔鬼，很不幸，你生活在地狱；把同事看成天使，真幸运，你生活在天堂。

人品的天平

谦卑，人品就上升；傲慢，人品就下沉。待人处世是天平。

谦　　让

对人不苛，留肚量；持才不傲，留雅量；锋芒不露，留容量；有功不抢，留度量。

幸　福

平静地呼吸，仔细地聆听，微笑着生活；有人爱，有事做，不迷茫，不慌乱。

世　界　观

世界观，观世界，不同的世界观决定了所拥有的不同世界。

价　值　观

价值观，观价值，不同的价值观决定着你人生的不同价值。

退 一 步

世间千变万化，人生艰难曲折，退一步，让三分，就能一帆风顺，海阔天空。

柔 软

包容别人，理解别人，接纳别人，欣赏别人，你的心会越来越柔软。

愧

愧，心中有鬼；利乐众生，问心无愧。

助　人

再穷，也能助人，再富，也需人助。

点　灯

点灯照亮别人，就是照亮自己。

变

变朋友为冤家与变冤家与朋友的路，一条狭窄，一条宽广，一条通往地狱，一条通向天堂。

得 失

有舍有得，有得有失；得中有失，失中有得；舍即是得，得即是失。

抬

抬得越高，与地越远，被人高高抬起，谨防重重落下。

律　己

他人的过错要原谅，自己的过错勿轻视；他人的优点应鼓励，自己的言行当警惕。

原　谅

既为别人，也为自己。因为原谅，放松了身体，安顿了灵魂。

人 生 如 镜

人生如镜，要镜中人笑，先要自己笑；要镜中人可爱，自己应先可爱；希望受人敬重，须先敬重他人。

大　海

大海之所以成为大海，因为大海把自己放得最低。

慈　悲

何时觉得处处皆美景，人人都很美？慈悲时。

有

与其拥有，不如享有；与其独自享有，不如共同享有。富者，拥有；智者，享有；仁者，共有。

朋　友

财富不是真正的朋友，朋友是真正的财富。

快乐先生妙语

090

幼　稚

既表现于该说实话时不说实话，也表现于不该说实话时说了实话。

进　退

只进不退，只退不进，拥有半个世界；进退自如，以退为进，拥有整个世界。

嫉　妒

与其嫉妒别人，不如被人嫉妒。

缩　　小

缩小自己，也就缩小了与别人的距离，扩大了活动余地；放大自己，也就拉远了与别人的距离，最终使自己孤立。

真 快 乐

从快乐中不断产生新的快乐，把自身快乐随时变为与人分享的快乐。

己所不欲，勿施于人

自己住在玻璃房子里，明白不能往外丢石头。

冤 冤 相 报

你砍别人一斧头，别人砸你一榔头。火不灭火，血不洗血，冤冤相报何时了？

自重与自信

自重者重人，重人者人重；自信者信人，信人者人信。

借　钱

借钱给朋友的结果，往往是钱和朋友都失去。

觉　悟

从不愿助人到乐于助人；从乐于助人到助人为乐；从追求享受到牺牲享受；从牺牲享受到享受牺牲。

记　　牢

你帮过谁，不必记牢；谁帮过你，一定牢记。

处世良药

珍惜点滴因缘，是处世良药；感恩一切人事，是快乐妙方。

说

真话不一定全说，假话一定不说。

忍

有理莫与无理争，心平气和才是真，能忍难忍万事成，无不可忍乐终生。

冷　静

热情使你得到朋友，冷静使你保持朋友。

重男轻女

奴、奸、嫉、妖、妄……都带女字，古时重男轻女，可见一斑。

寿

若要寿，横逆之事欢喜受，浮名不与人争斗。

宽　　恕

真正的宽恕：宽恕别人，被别人宽恕，宽恕自己。

快乐先生妙语098

小　人

势利小人如影子，当你在阳光下，它紧紧地跟随。当你在黑暗中，它消失得无踪影。

欣　赏

欣赏别人与你一致的意见，还是欣赏别人与你不同的想法，决定了你进步的快慢。

悲　喜　剧

悲剧，把人性中最有价值的撕破了给人看；喜剧，把生活中最为平凡的包装后给人看。

取　舍

或挺直腰板，或卑躬屈膝——全在自己。

朋　友

真朋友，困难时不用开口；假朋友，开口也是白开口。

济贫救富

为善，济贫又救富。济贫，助的是物质，济的是身体；救富，助的是精神，救的是心灵。

知　己

过去，酒逢知己千杯少；如今，酒喝千杯少知己。

嫉　　妒

嫉妒别人是痛苦，被人嫉妒是幸福。

随　　缘

对过去不追忆，随喜；对现在不贪念，随心；对未来不执着，随缘。

合　　格

真正合格的父母，以开放的胸襟，在孩子的心灵播撒快乐的“种子”。

嘴长两张皮

对于自杀，有人说：胆真小，活也不敢；有人说，胆真大，死都不怕。嘴长两张皮，咋说咋有理。

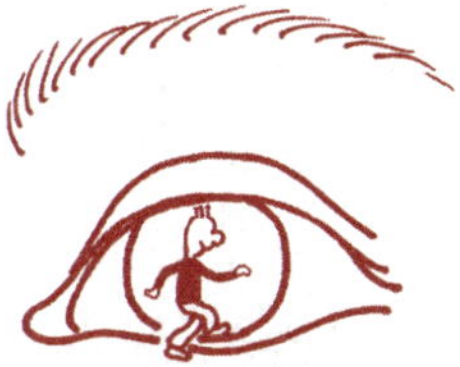

缩 小 自 己

为什么别人没把你放在眼里？因为你太大！缩小自己，方能走进别人心里。

若能转物即如来

此心在凡不减，在圣不增。若能转物即如来，春暖山花处处开。

多说与少说

多说宽容话，少说抱怨话；多说尊重话，少说讽刺话；多说关怀话，少说伤害话；多说商量话，少说命令话；多说鼓励话，少说泄气话；多说赞美话，少说责备话。

与人方便，与己方便

当你想着别人时，别人把方便给了他；当你总想着自己时，别人把不方便也了你——会场里抢坐过道旁的位置，但又必须随时站起来给人让路的启示。

向 宽 处 行

心态宽容，姿态宽恕，时间宽裕，衣服宽松，为人宽和，胸怀宽广。

无“度”不丈夫

量小非君子，有“度”才是大丈夫。

低　头

唯肯低头，方能出头。

飞　　碟

是你甩出去的，总会飞回来——伤人，也是伤己。

善吃亏

善吃亏——与人为善的前提。

毁誉之间

与其有初交之欢，不如无久处之厌；与其有背后之毁，不如无当面之誉。

热量

保持适当的热量，温暖别人，但不烫伤别人。

女人的绝招

当女人温情脉脉时，射出的不是柔情蜜意，而是利剑；当女人泪眼迷离时，受伤的不是自己，而是男人。

婉　转

婉转地表达“不”，使它与“是”一样动听。

投　缘

茶不分浓淡，解渴就行；人不分贫富，投缘就好。

临 风 低 头

风强雨暴，别为草愁。只因懂得，临风低头。

HaPPy

善己亦善人

上善若水

水无常形，水无常态，遇圆则圆，遇方则方，遇阻则绕，遇高则蓄。

完美看人

人，难以完美。但，要学会完美地看人。

近

两点之间，直线最近；人与人间，微笑最近。

圆

车轮呈圆形，便于转动；苹果呈圆形，易受光照。人生如圆，圆满人生。

四　德

让自己高兴，美德；让别人高兴，积德；让自己和别人高兴，功德；不让自己高兴，也不让别人高兴，缺德。

忍 无 可 忍

能忍常人所难忍，那就叫“忍，无不可忍”。

给 面 子

何为给面子？面子是人家给的；何为“丢脸”？脸是自己丢的。

莫谈人之过

终日不见己过，绝了圣贤之路；终日闲谈人过，伤了天地之和。

闲将人事思量过

日月长，天地阔，意马收，心猿锁，世态人情经历多，闲将人事思量过。

真　　理

真正的道理。与其执着法理文字，不如分辨人事情理。

中

儒家讲中庸，道家讲两极，佛家讲中道，听得进的建议叫“中意”，客观的批评叫中肯，高明的处世叫中庸。

抱紧身边人

世事多沉沦，抱紧身边人。

自 以 为

自以为了不起，往往被人看不起。

说　话

宁愿不说话，不要说假话；宁说大白话，不说违心话。

与人分利

如何与人长久友好相处？与人分利。

君　子

常听别人意见，站在对方立场，先为他人着想。

看人的本质

或看高升后的腰板，或看暴发后的脸色。

做　善　事

消耗的是身体的热量，增加的是内心的能量。

微　　软

骨头虽硬，需柔的肌肉保护；钢圈虽坚，需柔的轮胎维护；牙齿虽硬，需柔的唇防护；舌头虽软，一辈子不换。赚大钱的企业，叫“微软”。

不 争 执

不争是慈悲的开端，不执是智慧的开启。

沟 通

“沟”是客观，“通”是目的。交流、协商，找到共同利益，鸿沟变通途。

快 乐 磁 场

多和乐观开朗的人在一起，你也能成为别人的快乐磁场。

外圆内方

外圆，见人说人话，见鬼说鬼话；内方，与心常对话，从不说假话。

时　间

费时间思考，力量的源泉；挤时间放松，年轻的秘密；抽时间阅读，智慧的基础；花时间助人，快乐的路径。

沉　默

沉默，可发现别人长处，可掩盖自己短处。

自我修正

生命不是用来更正别人，而是用来自我修正。

留白

国画留白，是韵味、意境；做人留白，是宽容、风度。

亲友

亲人——父母给你找的朋友；朋友——你给自己找的亲人。

舒

“舒”：“舍”与“予”——快乐的本源。

半　　径

若能扩大关怀半径，烦恼立马减轻。

冤家路窄

抱怨、积怨，人生的路越走越窄。路窄，冤家自然也就聚头。

背　　后

成功的男人背后，总有一个女人；失败的男人背后，不止一个女人

够 朋 友

一个人有很多朋友，一定是他很够朋友！

小人与君子

以小人之心，度君子之腹，可造成误解；以君子之心，度小人之腹，使矛盾化解。

吃　　亏

好汉不吃眼前亏；真正的好汉肯吃亏。

知　　己

士为知己者死，更为知己者活！

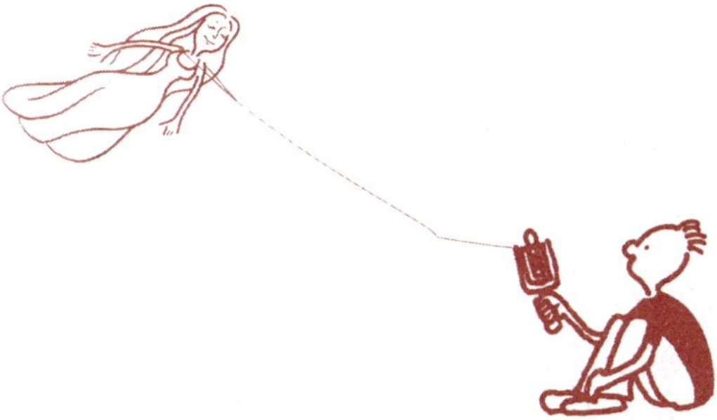

风　　筝

线再长，不断，风筝总在手上；线再短，断了，风筝就会飞走。有情人，不在有形的距离，而在无形的感情。

窝 边 草

兔子不吃窝边草的前提：不能让别处的兔子先吃了草。

争 执

争执时，为什么要打斗？何不牵牵手，再跳个舞？

吹 号

千人千把号，各吹各的调。自看分谱，自有所悟。

拿手好戏

女人的拿手好戏——撒娇；男人的拿手好戏——撒谎。

考　试

人生也是场考试，不能打草稿，而且限时。

少　哭

人降生时，自己哭；去世时，别人哭；两头都是哭，中间就要多笑少哭。

幸与不幸

乐观的人，随时在计算自己有多少开心；悲观的人，随时在计算自己有多少不幸。

废话·真理

"人终有一死!"有时，废话也是真理。

怪

“怪”，圣人之心，“奇怪”，只因凡人不懂圣人心。

宠　爱

感恩生活，你就被生活宠爱；感恩朋友，你就被朋友宠爱。

两　个　我

若要人如我，除非两个我；真有两个我，“连体”妥不妥？

美 人 鱼

婚前，美人鱼；婚后，红烧鱼。目标：红烧美人鱼。

容　　忍

一辈子能忍受自己的不好，为什么不能容忍别人一时的不好?

位　　置

落难时有多少朋友帮你，可测你在朋友心中的位置。

有奶未必是娘

有奶未必是娘，小心上当!

家庭幸福要诀

把老婆当情人，把孩子当朋友，把家庭当公园，把家务当跳舞。

分　享

分享可使幸福翻倍。

真　爱

检验真爱的唯一标准：是埋怨对她已经够好，还是担心对她还不够好。

活在心里

人的上半生，活在别人眼中；人的下半生，活在自己的心里。

合　适

生活方式没有好坏，人有百色自行其是。青菜萝卜各有所爱，如人饮水冷暖自知。

莫　轻　视

大江大河的源头都很细微——切莫轻视后辈！

一　期　一　会

纵使不悦，也无下世。一期一会，相识是缘。

好 消 息

过去的最好消息是，已过去；未来的最好消息是，还有未来。

心 量

心量大，格局便大，胸怀天下，神清气爽。

风 景

喧嚣过后，只闻纯真的心灵之音；繁华落尽，但见生命的本然风景。

新 好 男 人

老婆的话不一定对，但不听老婆的话肯定不对。

感　怀

山不在高，并不因有仙则名；水不在深，并不因有龙则灵，全在于有人生感怀、生命意境相对应。

四 大 邂 逅

好书、良师、益友、佳侣——人生路上的四大邂逅。

殊 途 同 归

无论你来自哪里，终将走向同一个地方——墓地。

遗　　憾

人之遗憾，莫过于在人生行将尽头，才确定生活的先后顺序。

少　挨　拳

你一拳来，我不一脚去。如此，便少挨了接下来的许多拳。

好　　看

女人最好看的时候：不抱怨，充满爱。

曲　折

越是曲折，线条越长。人生的路，不也一样？

放　弃

远离烦恼的不二法门——放弃所求。

期　待

与其期待人生，不如在人生中期待。前者是等，后者是行。

言 多 必 失

猴子爬得越高，它的屁股就越容易让人看到——言多必失的又一佐证。

成就自我

成就自我的最佳途径——帮助他人。

活

活在别人眼里，极有可能死在别人嘴里。

不　　是

不是山走向我，是我走向山；不是春天走近我，是我走近春天；不是生活拥抱我，是我拥抱生活。

错　　过

人生路上，最大的过错是错过。

暂　　停

暂停忙碌的脚步，是为了让你反思后，能轻快地起舞。

忍　与　静

忙碌，是暂时忘却不幸的西药；开悟，是根本化解忧伤的中药；忍，是消除悲痛的手术刀；爱，是调理生息的养心药。

担　　当

放下才是最大的担当。担当什么？担当人生责任。

人　　补

比食补更重要的是人补——与快乐的人为伍。

眼 开 眼 闭

对人，不用看得太清；对事，不要看得太明；对钱，不必看得太重。眼开是欢喜，眼闭是清静，眼开眼闭是开心。

唯　一

会：人、云。你，是这个世界上的唯一，不要亦步亦趋，不要人云亦云！

被运气撞了腰

之所以今天被运气撞了个腰，是因为你多年努力的累积，已及腰。

快乐不远离

快乐从不曾远离我们，而是我们远离了快乐。

健 康 挚 友

达观爽朗的性格，宽容随和的心态，科学合理的生活规律。

天 经 地 义

爱自己是爱他人的前提，完善自己是善待他人的基础。人不为己，天诛地灭——天经地义。

好心情是财富

给自己一份好心情，世界对你微笑；给别人一份好心情，生活对你微笑。

百 人 百 乐

百货店里有百客，一百个人有一百种钱的用法，一百个人也有一百个人的快乐。

众生平等

众生平等的真正含义：生活对每个人不公平，但如何对待生活却给了每个人公平。

江湖

“人在江湖，身不由己”：托词。人生由己，非由江湖。

本事

父母给，是优势；靠自己，是本事。

行　善

切莫手在干，心在算。行善，切莫带算盘。

高　人

即使难以成为高人，也要努力成为身边常有高人的人。

以己度人

慈悲既是对人，也是对己。“以己度人”，就是自觉觉他。

敬　畏

因尊而敬，尊敬；因敬而畏，敬畏。懂得尊重，才会谦卑；懂得敬畏，才能自律。

人之高贵

人之高贵，不在地位，在品位；人之价值，不在有财，在有才；人之能力，不在文凭，在水平；人之相交，不在权威，在敬畏。

利　众

人生最大的修养是宽容，最大的收获是满足，最大的美德是慈悲，最大的拥有是感恩，最大的希望是平安，最大的发心是利众。

拥有与享有

不在乎天长地久，只要曾经拥有；不在乎曾经拥有，只要确实享有。

一 见 钟 情

由感而觉，由觉而悟，“一见”是“觉”，“钟情”是“悟”。

受 人 欢 迎

如何受人欢迎？说话，让人欢喜；做事，让人喜欢。

痛苦与幸福

人生有两大痛苦，一是“得不到”，二是“已失去”。人生有两大幸福，一是让自己快乐，二是让别人快乐。

人 生 之 苦

人生之苦，为欲驱使而不得停，为利所牵而不得止，为情所困而不得解，为名所累而不得休。

美　容　品

快乐的心情加甜美的笑容——世上最好的化妆品。

快　乐　之　本

想别人多，想自己少。

一　本　正　经

“正经" 只有一本。若能取得人生的“一本正经”，家家不再有难念的经。

喜　欢

既然无法总是得到自己所想要的，那就学会总是喜欢自己已得到的。

专业地活着

活着，是一门专业，做人的专业。专业的标准：让自己快乐，给他人快乐。

容　则　易

宽容的心态、包容的姿态、美容的形态、笑容的神态……容易，容则易！

惑

“惑”，上为“或”，下为“心”。心，或是她，或是她。古代男人，四十而不惑，现代男人，四十而惑。

圆　满

面对生活的不圆满，若以圆满之心待之，人生将会变得圆满。

仁　智

仁者心怀天下，智者上下通达。

笑

爱，和生命同在的前提；笑，如呼吸一样频繁。

大道无言

道者不知，知者不道，大象无形，大道无言。

人生教育

有时，孩子教给大人的，往往多于大人教会孩子的。

句　号

延续快乐，只需添上一个逗号；结束痛苦，只需画上一个句号。

莫 生 气

不能生气的人是傻子，不会生气的人是智者。生气不会伤害对手，只会伤害自己。

不悟无道

不学无术，不悟无道；失道寡助，得道多助。

快乐“四不”

人我不比，彼此不计，违逆不气，见富不妒。

智　慧

智，分辨智，事事有不同，有所不为有所为；慧，平等慧，人人有尊严，生命面前无贵贱。

道

喝茶有茶道，插花有花道，击剑有剑道，摔跤有柔道，经商有商道，做人有人道……道行有深浅，为人要厚道。

差　　异

自然界有大树，有小草，有苔藓……美美与共。生活中，彼此间的差异才使生命显得如此有趣。

人活一口气

人活一口气，生气，多生出来的气，或是怨气、怒气，或是火气、不服气……

提　　起

放下，不是放弃，而是为了更精准有力的提起。

“讲做”

讲而坐，叫讲座；讲而做，叫讲做。说易行难，讲座不如“讲做”。

低　调

做人做事，都须低调。高歌高曲，实在无益。

容　器

人生如容器。物质多，精神少；快乐多，烦恼少。

不 在 意

使你烦恼的究竟有多少大事？相比生命，其他事都不必在意。唯此，才能使你的人生活出意义！

善 念

弯腰，捡起地上的一张废纸，活动了身体，净化了心灵。生活中有太多的举手之劳，只要一个善念，便能悦人悦己。

人 生 三 老

老本、老友、老伴。人生有三老，夕阳无限好。

快乐先生妙语

HaPPy 管理悟道

余惕君 著

江西高校出版社
JIANGXI UNIVERSITIES AND COLLEGES PRESS

图书在版编目(CIP)数据

快乐先生妙语. 管理悟道 / 余惕君著. —南昌：江西高校出版社，2017.11

ISBN 978-7-5493-6207-3

Ⅰ. ①快… Ⅱ. ①余… Ⅲ. ①快乐—通俗读物 Ⅳ. ①B842.6

中国版本图书馆 CIP 数据核字(2017)第 256927 号

出版发行	江西高校出版社
责任编辑	宋美燕
社　　址	江西省南昌市洪都北大道 96 号
总编室电话	(0791)88504319
销售电话	(0791)88517295
网　　址	www.juacp.com
印　　刷	江西千叶彩印有限公司
经　　销	全国新华书店
开　　本	890 mm × 1240 mm　1/32
印　　张	16
字　　数	210 千字
版　　次	2017 年 11 月第 1 版
印　　次	2018 年 5 月第 2 次印刷
书　　号	ISBN 978-7-5493-6207-3
定　　价	120.00 元(全三册)

赣版权登字-07-2017-1272

目录

事在人为

管头管脚

管理之妙，就在于管头管脚。管头怎么想，管脚往哪走。但不是从头管到脚。

责　　任

权力可下放，责任要担当。

乐观豁达

乐观豁达，把平凡的生活变得有趣，把艰苦的日子变得甜蜜。

快乐先生妙语

004

头与手

管理是用别人的手，完成自己想做的事。用别人的手，先要关心他的头。

关键

衡量管理者水平高低的关键：在关键时刻，如何处理关键问题。

头头是道

领导是头，领导的脑袋是“头头”。领导的思维符合“道”，就叫头头是道。

危　　机

危机：既是“危”，也是“机”，是进取者的天堂，是退缩者的坟墓。

管理悟道
005

柔　和

领导柔和的目光，能轻盈地卷起员工的心扉。

容　所　短

有高峰，必有深谷。用人所长，必容人所短。

长　短

人的长处和短处，如钱币的两面——就看你翻哪一面。

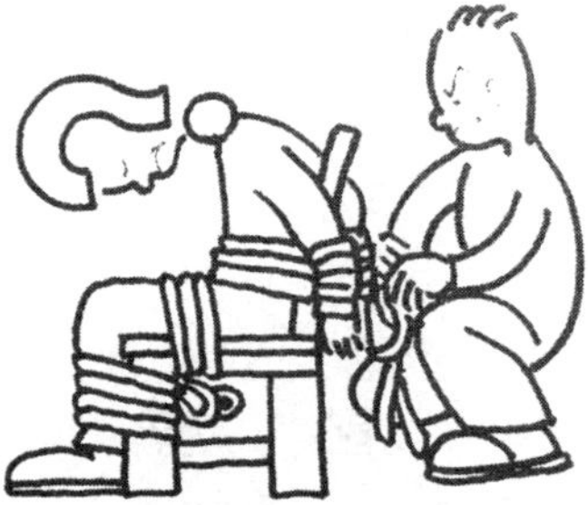

管　人

善管人的，只管能管许多人的几个人。

潜在领域

最值得你开发的潜在领域——你肩上的脑袋。

融智

理财，更要理才；融资，更要融智。

位置

一块普通的石头，有用还是无用，取决于放在什么位置。

高 尔 夫

管理如同打高尔夫——人在哪里？球在哪里？洞在哪里？如何把球打进洞里？

管理悟道

009

空　间

如何给自己创造上升空间？给下属以上升空间。

简　单

管理者头脑简单的结果：事情越来越复杂。

厚　重

管理有厚重轻薄。轻薄，管人，靠规定；厚重，管心，重人性。

用　　人

用一个人的手，就得用他整个人；既然是用他的手，脸如何就不必太在乎。

自　觉

强权的出发点——服从；管理的出发点——自觉。

亲　人

如何使员工视企业如家？真心把员工当亲人。

说 与 做

说想做的，易；做所说的，难。

候　　补

重要岗位永远有一定的候补队员——人事管理的金科玉律。

尊　重

一个人若得不到自己的尊重，在别人眼里也值不了多少。

松　手

聪明人知道何时出手，智慧人知道何时松手。

良　方

进步良方：耳中常闻逆耳之言，眼中常有不满之事。

互　补

“团”，一定范围内的人才互补。以己之长，补人之短；以人之长，补己之短。

总　经　理

争名不如争明，夺利不如夺理。能将名利变明理，就能当好总经理。

道　　理

做小事情，不用讲大道理；做实事，不用讲空道理。

压　　力

压力，不是来源于事情，而来源于如何看待事情。

管 与 理

管理，不仅要“管”，更要“理”。关怀是最有效的激励。

管理悟道 017

重　用

企业难以重用每个员工，但要使每个员工感到受重用。

所为所不为

企业与企业间的根本区别，在于如何选择所为所不为。

观　念

观念的更新并未改变事物本身，却能改变对事物的认识。

无 中 生 有

今天有，不意味着明天有；今天没有，不意味着明天没有。无，是更大的有，无中生有。

风　险

不冒风险——是企业最大的风险。

马首是瞻

马不停蹄，谨防马失前蹄。马首是瞻，才是马到成功的前提。

忠　告

如能接受别人的劝告，就是享受到了别人的思想高度。

化　解

紧皱眉头，问题再小也被凝固；保持笑脸，问题再大也能化解。

脑　袋

脑袋应长在下属各人的肩上，而不应长在总裁一人肩上。

能干与难干

领导过于能干，下属什么也难干。

阅　历

阅人之力，来自于人生阅历。

明　　白

真正的明白——知道有许多事不明白。

调　　心

调音先调弦，做事先调心。

激　　励

何为激励？前面一沓钞票，后面一只老虎。

评　　价

衡量领导者智慧高低的方法——察看其身边人的水准。

转

转身容易，转立场难。

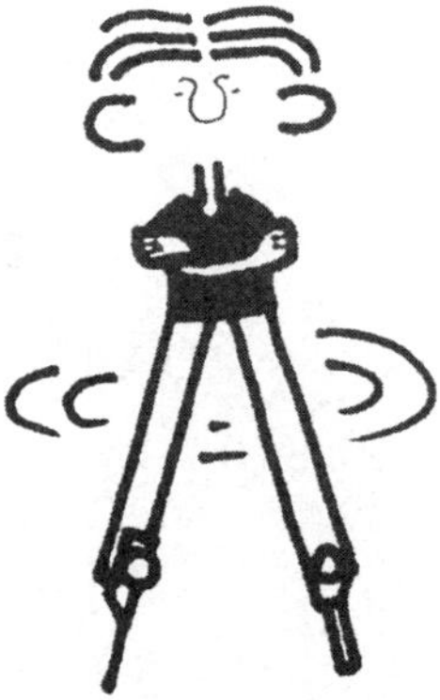

度

思路决定出路，深度决定高度，角度决定力度。

团　队

在一个成功的团队，没有失败的人；在一个失败的团队，没有成功的人。

长　处

可以不知下属短处，但不能不知下属长处，因为，你用的是下属的长处，不是短处。

柔　道

大风过后，杨柳不倒。弯曲，不是软弱，而是“柔道”。

犯　错

允许下属犯错，但不允许犯同样的错。犯错有助成长，但不犯同样的错才能成功。

长处与短处

江山易改，本性难移。与其让一个人改短处，不如让他发挥长处。其短处，用别人长处弥补。

明　与　威

秉公办事，生明；以身作则，生威。

胆 与 识

有识无胆不成大事，有胆无识肯定坏事。

管理悟道 029

魅　　力

让人听从靠权力，让人服从靠能力，让人敬重靠魅力。

追　　随

无人追随，不是领导，只是独行。

威

权威，由权而生的威，是外来的、短暂的。敬畏，由人格而生的威，是内在的、永久的。

约　　束

放风筝的启示：有所约束，是为了飞得更高。

柔、诚、理

人好刚，我以柔胜之；人用术，我以诚感之；人使气，我以理屈之。

服　　务

区分领导级别，不是看多少人为他服务，而是看他能为多少人服务。

企　业　家

企业家，企业是自己的家，员工把企业当作家。

大 道 理

善把大道理，化成小事情；莫把小事情，扯成大道理。

心　　胸

衡量一个人心胸有多大，看他为多大的事担忧。

错　　误

死不承认错误，那就多了一个错误。

有效沟通

有效沟通的前提：不自以为是，站在对方立场。

成　　功

过去的成功经验，或许正是今天发展的陷阱。

说

重要的不是说了什么，而是在什么地方说，在什么时候说，对谁说。

人　　品

发光的不是服饰、豪车、名声、地位……而是人品！

为人根本

领导者，治人之道固然重要，为人之道才是根本。修身养性，修的是身，养的是性。

速 度

有时，失去机会比得到机会的速度要快。

冲 动

当决策与冲动纠缠在一起，失败的往往是决策。

超

超，走在“刀”“口”下。

造　　势

小企业做事，中企业拓市，大企业造势。

容　　忍

不能容忍下属的缺点，正是领导自身的缺点。

发 动 机

领导与员工的关系，不是大齿轮与小齿轮，而是大发动机与小发动机，前者是被动、带动，后者才是主动、互动。

大 事 业

什么是大？大是小的累积。

欲成大人物，必善待小人；欲成大事业，必关注小事。

诚　恳

如果要用手段，不妨把诚恳当手段。

点燃自己

当你点燃自己，发出光和热，别人自然会靠近你。

虚　实

耳听不一定为虚，因为有过亲身经历；眼见不一定为实，因为眼界总是有限。

越 知 道

做事越多，越知道还有许多事没做；学得越多，越知道还有许多知识不懂。

胆　与　识

有识无胆不成大事，有胆无识肯定坏事。

欲穷千里目

欲穷千里目，多读几本书，多登几座山，多上几层楼。

门　　槛

进得去的，是门；进不去的，是槛。

决　　策

所谓决策，就是决定进那扇门后，把其他所有的门都关上。

悠　闲

闲时要有吃紧之心，忙时要有悠闲之趣。

潇　洒

有人活得精彩，有人活得自在，潇洒者，介乎两者之间。

赞　赏

真诚地、毫不吝啬地赞赏别人，给人快乐，也给自己快乐。

同　　步

谨防：权力与脾气同步扩大，收入与血压同步升高，钱袋与心情同步沉重。

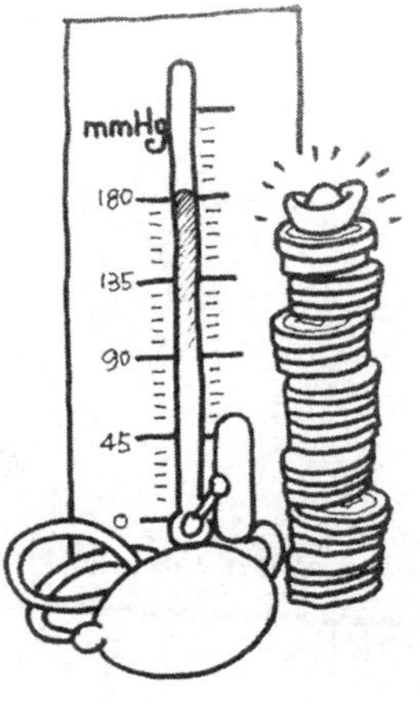

习　惯

好的习惯——成功的仆人；坏的性格——失败的助手。

错

人常易犯的错，总是害怕自己会犯错。

清　闲

何谓清闲？闲别人所忙；何谓忙碌？忙别人所闲。

企　业

“企”，止于人，离开了人，企业成了“止业”。

时 代 不 同

年轻人，什么都懂！老年人，什么都信！

懂与不懂

懂，说“不懂”，是装傻；不懂，说“懂”，是真傻。

聪明与傻瓜

揣着糊涂装明白，是傻瓜；揣着明白装糊涂，是聪明。

威　　信

威信，威由信来，说话算数，树立威信之要义。

硬　道　理

发展是硬道理，但，硬发展是没道理。

鱼

是鱼，就让它在水里游泳，不要让它去林中爬树。

效率、成功的关系

效率：把事做对；效果：做对的事。成功：先做对的事，再把事做对。

文件与文化

挂在墙上，是文件；落实在行动上，是文化。

创　　造

生活的意义在享受，工作的意义在创造。生活离不开工作，享受离不开创造。

石头、剪子、布

石头输给了布，因为布包住了石头，有容乃大；布输给了剪子，只要放得开，输赢又何必在乎。

事 与 人

事处理得不好，处理事；事总处理不好，处理人。

负　　责

只对上负责，还是不负责。

亲 手 做

对于不必亲手去做的人来说，没有什么事不能做。

高　明

真正的高明，不在于比别人高明，而在于比过去的自己高明。

快 乐 员 工

快乐员工引发快乐服务，滋养快乐顾客，产生快乐利润。

成　　功

母鸡下蛋为何咯咯地叫个不停？成功——既有做功，也有唱功。

HaPPy

先做人，后做事

群

“群”，君在前，羊在后。“领导”：领路、指导。

最大的问题

管理者最大的问题：发现不了问题。

优　　秀

比自己优秀不一定优秀，比自己过去优秀才是真正优秀。不经历痛苦的欢乐不是真正欢乐，经受过失败的成功才是真正成功。

失　败

或是因为在该说“不”的时候，说了“是”；或是因为在该向前走的时候，停了步；或是因为在该动脑的时候，动了情。

安身立命

忙处会偷闲，闹中能取静，便是安身立命的功夫。

成功三部曲

坚信！行动！持续！

不　　老

青山不老，每年都长出新绿；江河不老，不停奔涌着波浪；人生不老，永远有追求和希望。

做　　事

做想做的事，做能做的事，做能做好的事。

领导分四等

一等领导：有本事，没脾气；二等领导：有本事，有脾气；三等领导：没本事，没脾气；四等领导:没本事，有脾气。

对　　手

成功需要朋友，大成功需要对手。

快 意 旅 途

人生旅途，有气能忍，忍后能吞，吞后能化，化后能排，排后能通。

自我价值

努力——自我价值的融入；成果——自我价值的肯定。

公　平

合理的不公平，远胜于不合理的公平。

方法与借口

成功者，专注于找方法；失败者，热衷于找借口。

差　别

人与人之间的根本差别在于一念之间，“失之毫厘，差之千里”。

彼与此

失于此，必能得于彼；损于此，必能收于彼。

人 生

人生如钟，不在走得快，而在走得准。不在一时的发力，而在持久的耐力。

生命的厚重

失意而不坠志，得意而不忘形；潇洒中见机智，从容中见淡定。

努　　力

努力者，不一定成功，不努力者，一定不成功。

岔　　路

宁可不信，不能迷信；宁愿不悟，不走岔路。

时间和金钱

倘若时间与金钱都多得不知怎样化遣，那无疑是人生最沉重的两件负担。

信　念

服不服输——是信念，认不认输——是策略。

弹　簧

弹簧的功能在于张弛有度。只张不弛，弹簧也就成了废铁。

对　手

对手的强大，造就自身的强大；高明的对手，胜于高明的朋友。

快 乐 工 作

生活是风，快乐是雨，工作是云。快乐地工作——风中有朵雨做的云。

竞　合

商场不是战场，是生态；生意不靠竞争，靠竞合。

停　止

只有知道如何停止，才能知道如何前进。

明　白

有时，最好的策略，是明白自己不该做什么。

松　　手

聪明人，知道要什么；智慧者，明白不要什么；聪明人，知道何时抓紧；智慧者，明白何时松手。

你真“行”

你真“行”，不是你有能耐，有本事，而是你真的有行动。

享　　受

忍受、经受、接受……然后才有享受。

轮　　子

走向失败的两个轮子：安于现状，排斥创新。

人　　性

人都有柔软的一面，区别在于：有人悲天悯人，有人曲意逢迎。

人　　脉

对于成功而言，勤劳是加法，人脉是乘法。

握　手

是友好的表示，也是拳击的开始。

这山与那山

珍惜已有，创造机遇，不放弃“这山”，创造机会登攀“那山”。

优　　秀

站得越高，看得越远，内存越大，越有空间。

舍　　弃

什么都不愿舍弃，最终什么都不得不舍弃。

因 与 果

万花丛中过，片叶不沾身，那是愿望；片叶不沾身，万花丛中过，那是功力。

大 业

人生的大业 =(学业 + 事业) × 道业。

志 业

人需要专业，那是事业基础；更要有志业，那是事业归宿。

无　　事

把大事看小，大事也是小事；把小事看大，小事也是大事。若不把它当回事，那就没有事。

可　　怕

最可恶的是不知道什么是可恶；最可怕的是不知道什么是可怕。

乐　　趣

把工作视为乐趣还是苦役，由此区分在天堂还是地狱。

半

“半”是人生的至高境界：半智半愚，半梦半醒，半忙半闲，半是清醒半是醉，半在自我，半在自然。

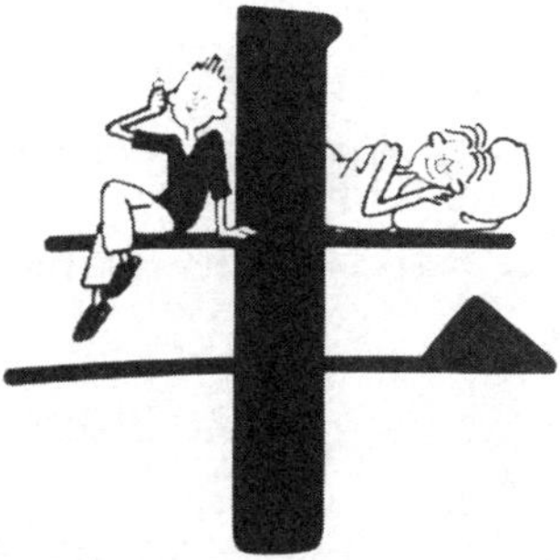

使　唤

笃信可用钱使唤别人，往往容易被钱使唤。

做

所有的时间都有事做，所有的事都有时间做，无非是先做还是晚做，是做还是不做。

知 进 常 进

知乐常乐，终身不苦；知止常止，终身不耻；知学常学，终身不迷；知进常进，终身不停。

胸　　襟

事到临头看担当，遇到逆境看胸襟。

抬

当你被人高高抬起之时，或许就是重重落下之始。

能

相信能，所以能；不相信能，所以不能。

相　信

人要相信“相信”的力量，心诚则灵。“不相信”，是人在世上的最大不幸。

高　科　技

衡量科技含量有多高，看它能把人变得有多傻。

苦

吃不到的苦，比吃得到苦的苦，还要苦。

愉 快 工 作

怎样才能愉快地做好工作?或把喜欢的事变成工作，或把工作变成喜欢的事。

该 不 该

做不做，不是难不难，而是该不该。跳崖很容易，走下山很难。你是跳崖还是走下山?

士 兵

一个不想当元帅的士兵，不是好士兵；一个只想当元帅的士兵，肯定当不好士兵。

撒 米

小鸡为何跟着你，因为你有一把米；小鸡为何一直跟着你，因为你不时撒些米。

借　口

为一个错误找借口，会带来更大的错误。

挫　折

在挫折面前，可以失望，不能绝望。

追　求

人的追求，常以失败告终，最终的失败，常是放弃追求。

合　适

没有永远的伙伴，只有真实的利益；没有绝对的好坏，只有相对的合适。

牌

牌无所谓好坏，在他手上是一张坏牌，在你手上或许是一张好牌。——何止是牌？

机　遇

对失去的机遇常常捶胸顿足，对眼前的机遇往往熟视无睹。

自　信

有自信者不一定会赢，没自信者一定会输。

无所不为

无所为，可悲；无所不为，可怕。

买　账

要别人“买账”，自己先要有“货”；与其要这要那，不如掂量自己到底有几斤几两。

发　现

眼睛，看见；用心，发现。眼睛看见，成为大脑储存，心灵发现，成为生命财富。

成功“三色”

看懂别人脸色，知道自己货色，扮好自身角色。

学　　习

“学问”：学会怎样问；“学习”，学而能成习。

俗

病可医，俗不可医；事可耐，俗不可耐。

安　然

忙时山看我，闲事我看山，时时观真心，物我两安然。

一步登天

一步不能登天，但登天靠一步一步。

吃　苦

不吃一时苦，就吃一世苦；能吃一时苦，方享一生福。

学　　力

学历，是以往的学习经历；学力，才是掌握未来的能力。

生　　意

生意者：生生不息的创意，不断生出主意。

享受工作

当你视工作为谋生时，你会苦不堪言；当你视工作为享受时，你会乐此不疲。

工作的报酬

工作的报酬，除了薪水，还有获得的经验、才能的表现、品格的建立、成功的喜悦……

把　　握

看淡功名利禄是高尚的情操，但过分清心寡欲，也就失去了生活乐趣。

理　　智

对财富的过度追求会丧失理智，丧失理智的结果终将失去财富。

高明的处世

抬高别人，放低自己。

人　事

人事，先做人，再做事。事理，先明理，再办事。理在事中，事中显理。不怕事多，只怕多事。没事别找事，有事不怕事，大事化小事，小事化无事。

怀才不遇

什么是怀才不遇？别人的评价远低于自我认知。

工作与活着

活着必须工作，但活着不仅是为了工作。

挣钱与花钱

如何挣钱，可测一个人的聪明程度；如何花钱，可测一个人的品位高低。

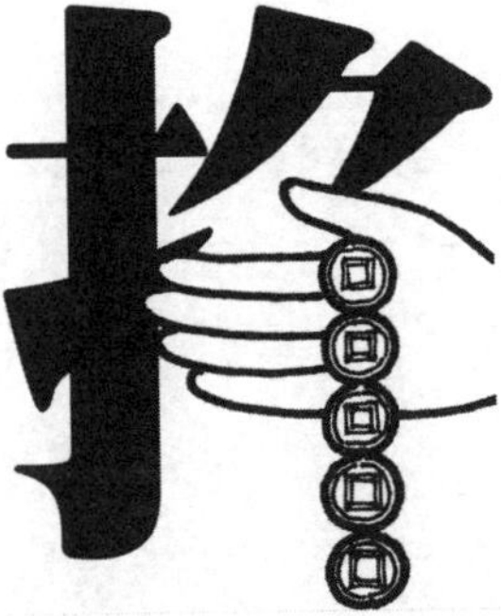

得失成败

聪明人以一事一时话得失，智者以一生一世论成败。

举　重

拿得起，放得下，是举重；拿得起，放不下，是负重。拿得起，需要能力；放得下，需要魄力。

求　助

习惯于向别人求助，常常忘记求助自己。

自　负

极度的自卑必然导致极度的自尊，极度的自信必然导致极度的自负。

追　求

追求可能以失败告终，但最终的失败，常是因此而放弃追求。

出国深造

有人是“留学”，有人是“学留”。

快乐先生妙语

094

少

气不和时少说话，心不顺时少做事。

第 一 名

你来到世界，只因在妈妈的肚子里，你跑得最快。在人生的第一次赛跑中，你是第一名。

退 一 步

若能退一步出世，便能进一步入世。

自　　信

人不自信，一无所为；过于自信，无所不为。

同事与同志

同事，共同做事；同志，共同志向。同事并非就是同志，同志并非一定同事，同事加同志，人生一幸事。

人　　事

做人讲规矩，做事有规律。

团　　队

团队，不在于人多，而在于心齐。

出 头 鸟

树大招风，真正的大树不怕风。枪打出头鸟，真正的出头鸟，枪响之前已飞出射程。

管理悟道 097

承　诺

一诺千金，千金一诺，没有结果的承诺，如同作茧自缚。

成　才

不遭人忌是庸才，不受磨炼难成才。

超　越

不断超越自我，是为了防止竞争者超越自己；常常否定自己，是为了让别人肯定自己。

读 书 有 感

书山有路勤为径，随兴而行，实难登临绝顶；浩瀚书海苦作舟，若无目标，仍是漫无边际。

邂　逅

当我们想象在人生的下一个转角处，会邂逅怎样的美妙风景，心头便会时时充满欢欣。

Happy

工作并快乐着

管理悟道

GUANLI WUDAO

事 与 理

理由事显，事中会理，圆融人事，合情合理。

包 容

爱一个人，就要包容其短；喜欢玫瑰，就要忍受它的刺。

公 私

不可损公肥私，努力利公利私，难以大公无私，但愿兼顾公私。

做　事

烦心事少做，顺心事多做，善心事要做，亏心事不做。

优　缺　点

看不到缺点，只看到优点，会用错人；看不到优点，只看到缺点，会无人用。

本　事

与其长脾气，不如长本身。

人　　才

着眼于短处，个个无用，着眼于长处，个个有用。

活到老，学到老

学而知不足，老而觉无知。

人 与 事

历史，真人假事；小说，假人真事；生活，真人真事。

讲 话

毅力要像女人的头发，长一点；讲话要像女人的裙子，短一点。

做人与做事

做人讲道德，为了良心；做事讲效率，为了生命。

适　宜

在合适的时间，合适的地方，对合适的人，说合适的话，做合适的事。

左　右

左右何来？我在中间。

挫　折

既可是人生路上的绊脚石，也可是使人奋进的踏脚石。

聪明与大智慧

聪明把事做对，智慧做对的事。聪明靠眼耳，耳聪目明；智慧靠心灵，慧由心生。聪明靠遗传，智慧靠修炼。聪明重局部，看眼前；智慧重整体，看长远。聪明拿得起，智慧放得下。聪明知道要什么，智慧知道不要什么。聪明是生存能力，智慧是生存境界。聪明是小，小聪明；智慧是大，大智慧。

诚　与　信

诚信是铜板。一面：取信于人，一面：信任别人。

简　易

简则平，易则和；平则简，和则易。

现在就开始

“时过境迁”，要开始，就现在。

学而知不足

学而知不足，知不足而学，两者相互循环，才能使你不断超越自我，迈上人生新台阶。

知 人 善 任

差劲的老板，只会用钱；高明的老板，善于用贤。

发　财

当官若贪财，那就是棺材。

包　装

猴子穿上西装不会成为绅士，驴子套上金鞍不会变成骏马——重要的不在包装。

仁者乐山，智者乐水

仁者乐山，深山老林好修炼；智者乐水，水无常形善随缘。

赚

人生的赢家：工作中赚喜欢，交往中赚友情，信仰中赚心安，追求中赚经历。

守　正

不倒翁为什么不倒？因为肚子里有重心所以。

立　志

与其看别人的励志故事，不如自己立志。

出世与入世

以少欲少求之心做自利利他之事，以出世精神做入世之事；超越是非利害关系，随缘放下，随缘做事。

胆　　识

胆识，胆量加知识。知识越多，越有见识，见识越多，越有胆识。

自找苦吃

自找苦吃，是为了日后不吃苦；吃苦是不吃苦的开端。

有　心　人

天下无难事，只怕有心人；天下有难事，只因人无心。

改变

需要改变的，是看事情的角度，而不是事情本身。

外圆内方

外圆：是见人说人话，见鬼说鬼话；内方：与心常对话，从不说假话。

功利

先有功，后有利，无功没有利，有功才有利，天经又地义。

人人是风景

你，不比别人多，不比别人少。世界美丽，只因人人都是风景。

时　间

时间用于哪里？直接关系到你和人生目标的距离。

努　力

重要的不是位置，而是往哪个方向努力。

知其所以然

聪明人知其然，智者知其所以然，由此及彼，由表及里。学问，学中有问，问中有学，不疑不悟，小疑小悟，大疑大悟。

需　要

人的最大需要是被需要。

随心所欲

饮酒以不劝饮最为畅快，下棋以不相争最为高明，唱歌以自得其乐最为愉悦，工作以忘我投入最为快乐。

手　　机

手机给自己带来便利，也给了别人随时“使唤”自己的权利。手机也是“手铐”。

学　　习

是生命趣味盎然的源泉。

咖　　啡

生活像一杯咖啡，挫折像可可，有点苦；工作像开水，有点淡；快乐像砂糖，有点甜；适度的配比、搅和——味道好极了！

大道至简

高明的设计要简洁，高超的管理要简单，高深的理论要简明，烦琐的程序要简化。

速　度

速有度，欲速则不达。

两 件 事

人生无非就是做两件事：一是做必须做的事，二是做想做的事。要做想做的事，先做必做的事。

问

不知则问，惑一时；不知不问，惑一世。

得 与 失

若无“得”的贪欲，哪来“失”的烦恼？没有“舍”的善为，哪有“得”的喜乐？

顾 客 是 羊

顾客是羊，须温柔对待，不可粗暴相向。宁可剪毛，不能剥皮，因为剥皮只有一次，剪毛可反复持续。

简 单

头脑简单，事情复杂；头脑复杂，事情简单。

回　头　草

如果前面没草，如果后面草好，好马为何不吃回头草?!

对　手

对手要看清，不要看轻；看不清对手，就会被对手看轻。

解　脱

有人说，无知者无畏，傻人有傻福。但，无知永远无法带来解脱。

累

累，小半来源于做事，大半来源于生气。

自　信

敢于说“不”——力量的展示，敢于说“不知道”——自信的表现。

成　长

除了抱负和汗水，还需要经验和智慧。

压　倒

不求压倒一切，但求不被一切压倒。

重　视

与其被注视，不如被重视。

问　题

许多时候，问题并不是问题，只是你把它当作问题时，问题才是问题。

复杂与简单

管理——复杂的事情简单化；营销——简单的事情复杂化。

敢　不

勇敢的重心不在“勇”，在“敢”；敢的重心在“不”。不是不敢，而是敢不！

事　业

事业，做事必有业。万般带不去，唯有业随身。

炒

炒：火少；爆：火暴。火一大，往往炒焦，一不小心，上了“焦点新闻”头条。

当回事

当人们把你当回事时，你不能太拿自己当回事。当人们不把你当回事时，你一定要把自己当回事。

经商

经商，经常受伤；高明的经商，不伤别人，也不被别人伤。

调

做人低调，做事高调，不能跑调。

放　　手

并不是下属有担当，才放手；而是放手，下属才有担当！

缺

缺钱，什么事都难干；缺德，什么事都敢干。

高调与低调

低调做人是品格，高调做事是谋略。有低有高，人生美妙之音方能奏响。

失败与成功

有时，失败为成功之母；有时，成功为失败之父。

道 不 同

道同，相谋；道不同，不相为谋？不！道不同，可参谋。

一 心 一 意

有意栽花花不发，那是因为三心二意；秃顶也能长头发，那是因为一心一意。

拳 击 手

拳击手失败的原因：或是迟疑，或是盲动。企业经营大体如此。

知　识

知识就是力量？未必！学以致用的知识才是力量！

心　齐

人多力量大！但不要忘了基本的前提——心齐！

激　励

为什么要有激励机制？避免为自己干的人累死，为别人干的人闲死。

班 门 弄 斧

关公面前舞大刀、班门弄斧，实在很有必要！因为能得到良师的有益指导！

巧　妇

巧妇难为无米之炊，但有米之炊大家都会。因此，真正的巧妇可为无米之炊，前提是创新。

临　床

实践出真知，“临床”，并不仅仅是医生，而应贯穿人的一生。

坚　持

坚持就是胜利！但有时，失败也是因为坚持。

恍然大悟

每事问，每事思，积小悟为大悟，终会“恍然大悟”。“恍”，心中见光。

什么叫“牛”

什么叫“牛”？人生的道路上，掌握时间，拓展空间。

知其所以然

知其然，聪明；知其所以然，智慧。

伙　伴

良好的伙伴关系，不仅理解，更能谅解；不仅“和”，而且“亲”；不仅“容”，更能“融”。

失　心

失手、失足……源头：失心。

困　惑

人生的遗憾：坚持了不该坚持的，放弃了不该放弃的；人生的困惑：不知道什么是该坚持的，什么是该放弃的。

稻　　穗

灌浆前，稻穗空瘪，骄傲地挺胸抬头；灌浆后，稻穗饱满，谦虚地弯腰低头。

金 钥 匙

打开幸运之门的金钥匙，并不是嘴上衔来的，而是用心找到的。

尽 心 尽 力

把工作当创造，视工作为谋生，前者是一份愉快，后者是一份压力。

都 有 道 理

早起的鸟儿有虫吃，早起的虫子被鸟吃。角度不同，都有道理。

前　行

与其空谈，不如前行。怨天怨命，不如奋进。

时　间

时间本够，只因懒惰使它溜走。

将军赶路

将军赶路，不追小兔。

自强自立

自强自立，不受人欺。

人心不古

教育小学生，大问题。如：利人舍己；教育大学生，小问题。如：不乱扔垃圾。

失　败

失败不是死亡，可以挽回。

听　　话

什么话都听，傻子；只听一半话，聪明；知道哪一半话可听，精明；听话能听音，高明；什么都不听，只需眼睛观，观音。

无　事

大事小事，好事坏事，不如无事。

取胜秘诀

让朋友低估你的优点，让对手高估你的缺点。

执　法

有法可依，有法必依，执法必严，违法必究。

踏实攀登

高低不就，只因好高骛远；踏实攀登，只因不被利诱。

短　　命

时间是生命，浪费时间就是浪费生命。但疲于奔命，最终也会短命。

人生只有使用权

人生只有使用权，没有所有权。万物皆可为我所用，但并非你我共属，抛弃执着，收获快乐。

沟　　通

“沟”是客观存在，交流、协调，找到共同利益，鸿沟变通途。

当一天和尚撞一天钟

当一天和尚，就该撞一天钟。你还让他下山去打工？

圆　　融

车轮呈圆形，便于转动；苹果呈圆形，易受光照；人际如圆，宽以待人；成功者，多圆融。

满　　足

鱼上钩，是因为吃到了饵。每个人利益的满足，都是因为满足了别人的利益。利人者利己，助人者助己。

抬　　头

比埋头苦干重要的——时不时抬起头看看有没有机遇在招手。

方　　向

方向错了，后退就是进步。

退与进

有时，退一步，海阔天空；有时，进一步，天空海阔。

不可放弃

可以失败，可以流泪，可以叹息，不可放弃……

方向

正如船航行于大海，人生旅程最可怕的，莫过于失去目标，迷失方向。

人生时机

痛苦和挫折，正是你人生成长的最佳时机！

思　考

问题发生时，与其责问：为什么？不如思考：怎么办？

贴　近

相比正确的指令，下属更需温暖的话语和心的贴近。

如　　果

领导要少说“但是”，多说“如果”。

挫　　折

每一次挫折，都是重新审视人生的绝佳机会。

心　　动

心动不如行动，行动必先心动。

胆　识

胆识——是一种不需要与人商量便能果断行动的觉悟。

富　有

衡量富有，不是看你拥有什么，而是看你奉献什么。

事

没事别惹事，有事别怕事。

左　右

幸福不是看你能左右多少人，而是看多少人在你的左右。

目　标

人生，既要明确阶段目标，更要明白终极目的！

喜　欢

做自己喜欢做的事！你随时都与生命同步。

心　　房

忙：心亡。忙碌无法使你畅开心房。

对　接

时时与善对接，便能喜乐充盈。事业线、爱情线、生命线……每个人手上都有。握起拳，命运在己手。

心　田

土地，既是参天大树生长处，也是蛇鼠蝼蚁之家园。心田呢？

早　起

人为什么要早起？那是为了让你充满朝气！

单 行 道

人生是条单行道，不卖回程票。

薄酒走一回，还是糊途走一遭，

看你知“道”，不知“道”！

慎　独

并非因为畏惧惩罚，只是因为能与内心时刻面对。

信　仰

人生如何坚定，种下信仰！

真 放 下

不思善，不思恶，把放下也放下。

惯

习惯并非行为。“惯”，一贯的心，行成于思。

人生如梦

人生如梦。觉者，不做白日梦。

真幸福

生活着自己想要的生活!

夕阳

最美不过夕阳红，只是因为夕阳收集了云彩与彩虹。

念

“念”，今天的心。一念清净，快乐无时不在；一念计较，烦恼纷至沓来。

激　情

若有激情，人生处处是舞台。

随　缘

“不变随缘，随缘不变”，喜悦和痛苦全在一念之间，在于我们如何看待。

岁月常新

不被光阴催老，不被时光淹没，心若年轻，岁月常新。

埋　没

被别人埋没的不多，把自己埋没的不少。

青春赌明天

生命可换钱，钱无法换生命。

你用青春赌明天，明天一定称你心？

起点与拐点

人生起点相同，拐点不同；拐点不同，终点就不同。

完　　美

凡事追求完美，终被完美所累。

过　　失

做人做事须有度。过失，过了就失。小失记“小过”，大失记“大过”。

乐　观

乐观，乐又见，乐观者在每一次忧患中都看到机会；悲观，悲又见，悲观者在每一个机会中都看到忧患。

角　度

思考的角度影响态度，内心的态度决定前途。

好　奇

好奇，人生之瑰宝。能化解过去的悲伤，能增添前行的希望。

势

“势”：执、力。牵着牛鼻子，顺势而为，事半功倍。

与青山对话

我见青山多妩媚，料青山见我应如是。

怕什么?

谈论死的人并没有死，死了就无法谈论死。死，怕什么？

解　　放

何必紧抱烦恼不放？松开、放下，身心即刻解放。

后记

朱胜龙

快乐之愿望人皆有之，但快乐状态却是因人而异。人们主观上也向往快乐，追求快乐，但结果却不尽如人意，有的人始终进入不了快乐“境界”。这足以表明，快乐是一种愿望，更是身心的领悟，是生命的哲学。快乐需要体验，需要感悟，也需要启蒙。我的好友余惕君，人称“快乐先生”，几十年来，笃信“独乐乐不如众乐乐”，在践行快乐的同时，笔耕不辍，思索快乐的体验，梳理快乐的感悟，研究快乐的规律，探索快乐的路径，琢磨快乐的要义，总结快乐的经验，出版了二十余本乐活人生的图书，同时还主持“快乐先生”公众号，经常应邀演讲，传播快乐理念，帮助更多的人享受人生，在“快乐江湖”声名远扬。

人生快乐的获得，与所需、所得、所享有关，是实现或保持所需、所得与所享三者平衡的过程。其中所需是动力，所得是回报，所享是结果。所享建立在所需、所得平衡的基础上，是所需、所得平衡的延伸和终极。所得小于所需，人生质量就打折扣；所得略大于所需，并且充分享受，这才是人生的快乐所在。但所享必须建立在所得与所需基本对应的基础上，如果所得大大超过所需，大大超过人的享受、消费的能力，人不但难以快乐，还会产生新的烦恼，甚至有可能走向人生的反面。在与余先生的多次交谈中，我强烈地感受到，在他的精神世界中，由于他的自觉的修炼、高位的理性和持久的定力，较完美地实现了所需、所得与所享的大致平衡，他能精准地把握人生的抛物线，把追求目标限定在自己所需、所得及所能享受的“尺度”内，对超出自己所需的“多余”部分，则视为“外来”之物，抱之以淡然，处之以顺然。显然，在这种“悟空”

的精神世界中，任何烦恼、忧愁等，都是经不住“碾压”的。现代社会虽然物质丰富，人们收入增加，生活条件得到改善，但人们快乐指数却呈下降趋势。可以说，现代人比任何时候都需要快乐的启蒙，需要快乐的“场外指导”，需要“刷”快乐的存在感。于是我萌生了想法，建议他对已出版的二十余本图书进行加工、梳理，把这些图书的内容浓缩成便于携带、方便阅读的语录体“精华本”，使读者不用花很多时间，就能分享他的思想“盛宴”。心有灵犀一点通，我的想法与余先生的潜意识“不期而遇”，一拍即合。余先生执意要拉我“入伙”，看在我们之间三十多年交往的情分上，我实在找不出推脱的理由，也就“当仁不让”了。时任江西高校出版社社科中心主任的邱建国先生十分赞同，明确表示要安排出版，并以十分到位的市场感觉，对此书的体例提出了具体意见，使之更加切合市场需求。但要从二十多本书、五百多万字中，“提炼”出可读、耐读、可思，并引起共鸣的快乐妙语，其工作量可想而知。五个多月来，我与余先生本着“文字短些，短些，再短些；内容精些，精些，再精些；味道，浓些，浓些，再浓些”的原则来精选书稿内容。我们配合默契，并反复打磨。这期间，微信成了我们的快捷沟通平台，他有新的灵感，马上用微信发给我；我有新的想法，也以微信告知。有时为了一条语录的“理想化”，再三推敲。在修改的过程中，余先生以往积累的潜意识一下被“激活”了，如“火山”般迸发出来，文思泉涌，妙语佳句不断“闪现”。努力总会有结果，如今呈现在读者面前的“快乐先生妙语”（一套三种），就是“快乐先生”对人生感悟的集成。如果在阅读中，读者产生了共鸣，引发了对快乐的思考，深化了对快乐的认识，找到了快乐的路径，则是对作者、策划者、出版者的最大犒劳。

快乐先生妙语

HaPPy
快乐有道

余愓君　著

江西高校出版社
JIANGXI UNIVERSITIES AND COLLEGES PRESS

图书在版编目(CIP)数据

快乐先生妙语. 快乐有道 / 余愓君著. — 南昌：江西高校出版社，2017.11

ISBN 978-7-5493-6207-3

Ⅰ. ①快… Ⅱ. ①余… Ⅲ. ①快乐—通俗读物 Ⅳ. ①B842.6

中国版本图书馆 CIP 数据核字(2017)第 256928 号

出版发行	江西高校出版社
责任编辑	宋美燕
社　　址	江西省南昌市洪都北大道 96 号
总编室电话	(0791)88504319
销售电话	(0791)88517295
网　　址	www.juacp.com
印　　刷	江西千叶彩印有限公司
经　　销	全国新华书店
开　　本	890 mm×1240 mm　1/32
印　　张	16
字　　数	210 千字
版　　次	2017 年 11 月第 1 版
印　　次	2018 年 5 月第 2 次印刷
书　　号	ISBN 978-7-5493-6207-3
定　　价	120.00 元(全三册)

赣版权登字-07-2017-1272

推荐序

卫哲

嘉御基金创始合伙人兼董事长

阿里巴巴前首席执行官

一本书是否有价值，不完全取决于写了多少字、印了多少本、卖了多少钱，而是看这本书能影响、改变多少人，能传播、流传多少年。余老师的书虽然不是鸿篇巨制，但都能入眼、入脑、入心。

十多年前，我有幸为余老师所著《字藏玄机》写推荐语。可以说，余老师开了国内拆字悟道之先河，引发了近年国人拆字的风潮。确实，中国文化孕育于中国的文字，中国有5000年文字记载史，源远流长，博大精深，而且流传到很多国家。领悟字的玄机也是领悟大千世界的玄机。余老师从文字开始，参悟人生，参悟社会，参悟世界。他的参悟，不仅体现在拆字、写书、讲学，而且贯穿人生。他的人生是一个不断地悟道、悟理、悟性的过程。

我认识余老师时，他还是一个官员，后下海经商，同时著书立说。他那亦官亦商亦文的跨界人生经历告诉我们，人的价值不在于官位有多高、事业有多大、学问有多深，而在于能以结合自己人生体会的精神财富，时时悦己悦人。

余老师从60岁开始，加大人生的“内存”，

对年龄“清零”，把此后的每一年都视为新生命的开始。当他说现在4岁、5岁了，我相信他对人生已悟出新的感觉，品出新的滋味，活出新的境界。我深信，余老师后半段的人生一定会比前半段更加精彩！

我认识余老师已有二十多年，真切感受到他无时不在践行快乐工作、愉悦生活。“快乐先生”名副其实。遇事，他拿得起、放得下、看得开。对人，他热心、诚恳、善助。不少人生活中遇到纠结、烦恼、困惑，经他一点拨，也能很快回到“原生态”。相信他的人生感悟会开悟很多人，使更多的人受益；也相信余老师积半世人生经验出版的这套“快乐先生妙语”，一定能够继续影响50后60后70后80后90后很多年。

我作为70后，期待着从余老师的每一本新书中获得新的感悟。预祝余老师继续实践他的快乐人生，继续书写并与大家分享他的快乐人生。

自序

余惕君

我常说自己是“四不像”：做过工，不长；当过官，不大；搞研究，不深；学经商，不久。但不知从何时起，我被人称为“作家”，自己想想，既像，也不太像！说像，迄今为止已在内地和香港出版了几十本书，是上海作家协会会员，似乎也可以算是。说不太像，我以为，所谓“作家”，就是要不断向社会拿出作品，提出自己对社会的看法，对人生的想法，即使你是“坐”在“家”也要拿！从这个意义上说，作家应该是社会的思想家、人生的思考者。拿这个 “标准”来衡量，自己还须努力。

说实话，退休前，忙于生计，对于人生，我没有太多思考。退了休，“自此光阴归已有”，这才得以一边行走，一边思索。静下心来，人生的酸甜苦辣、大起大落、悲喜交错让人回味无穷。脱离了物欲的羁绊，想开了，自由了，轻松了，对己对物都视如落花流水，这也就明白了。

这些年，借讲课旅游之机，我经常外出，常看到不同的风景，而心中的世界，才是永恒的山水。景致取决于心境，生命的至高境界，莫过于看到了它的黑暗与丑陋，却依然相信它的美丽与光明。一个人独自的旅途，不经意间，常常会触动内心某个温柔的角落，牵动对生命的体味。

自“五十而知天命”的十余年来，我坚持日记所思所悟。常有朋友对我说：“你怎么就每天都有新东西可写？”是啊！尽管太阳每天都正常升起，但生活每天都是新的。“世事洞明皆学问，人情练达即文章。”不同的时光，不同的地点，你会遇到不同的人，碰到不同的事情，自然也就会有不同的思考。走过的地方多了，经历的事情多了，遇到的人多了，你的思想自然也就丰富了。知道了自己有什么、要什么、能够做什么；知道了路在脚下，运在己手；知道了不攀不比，随喜随缘。人各有所好，各有所求，千差万别，色彩斑斓，但正经只有一本，那就叫“一本正经”。不乱于心，不困于情，不畏将来，不念过去……觉悟的人生才是快乐的人生。

“雾里看花 ，水中望月，你能分辨这变幻莫测的世界；云走云飞 ，花开花谢，你要把握这摇曳多姿的季节。借我借我一双慧眼吧，让我把这纷扰看得清清楚楚、明明白白、真真切切！”人生的目标是什么？太简单，就是两个字：快乐！人生无常，似水流年，生命如同浪花，稍纵即逝。生活，生靠父母，活靠自己；生活，生下来，就好好活！人来到世上，不仅是度过生命，更重要的是体验生命的脉动，享受人生的丰盈。

一个人的阅历越长，认识越深，领悟越透。

唯有经历那跌宕起伏的人生，阅尽那千面红尘的沧桑，方能如迷忽觉，才会如梦初醒。消失的是岁月，收获的是感悟。这是生活本身给你的宝贵财富。此时，如果你能静下心来，常与自己的心灵对话，认真地记录被日常事、境激发的感悟，将有助于自我修养和陶冶情操，从而丰富自己的生活。倘若你能进而体悟出“动静一如”“生死一体”“有无一般”“来去一致”的人生真谛，那么你的人生就会充满写意！

世上，人人都追求快乐。人生无常，由不得己，但学思辨行、觉悟靠己。快乐，它处无从寻觅，只在自己心间！每天快乐，一生幸福！现在，我的生活轨迹大体是：南来北往，随心所欲，寄情山水，颐养天年。行走中思索，思索中行走。时时告诫自己：淡泊名利，学会舍弃，热爱生活，利人利己。既让自己快乐，也让别人快乐！

呈现在读者面前的这套“快乐先生妙语”，虽是片言只语，但都是有感而抒，由心而发，汇集了我半世感悟人生的心路历程。人生难免会有不如意，但再烦恼的事也要面对。有时，只要几句有的放矢的好话，便能使人走出困境，从而活得愉悦。

当一切都归于平静，人才会有真正的自省。人间事事示禅，觉者处处能悟，悟者时时积慧，慧者件件能知，知者理理通明，明者法法澄清，清者样样纯净，净者分分解禅。

发心求正觉，悟道济众生。“路漫漫其修远兮，吾将上下而求索！”

目录

Happy

我的心情我做主

快乐不复杂

快乐并不复杂，只是对一时、一地、一事的考量。只要满足需求，哪怕是小小的，你都会感到快乐。

热爱生活

对生活要像孩子般贪得无厌，像恋人般情意无限。

信仰

科学，因为有而信；信仰，因为信而有。

道　路

人生之路漫长，通往成功只需关键几步。道路，以道开路，道由心悟。

快 乐 频 道

人要善于掌握生活的“遥控器”，将自己的心随时切换到“快乐频道”。

单纯与简单

在复杂与单纯中寻求某种平衡，才不会被复杂的生活所累。

觉　　悟

“觉”者，觉醒；“悟”者，吾心；觉悟，我心常醒。

快乐先生妙语

006

和生活亲密

和工作谈情，和学习说爱，和生活亲密，让身体和灵魂结合，生个健康快乐小孩。

爱　　心

爱心的“爱”是动词，爱自己的心。自己都不爱，怎么爱别人?

人心是杆秤

快乐不快乐，关键在平衡，平衡不平衡，人心是杆秤。

走出困境

如何走出困境？随时计算所拥有的幸福，坦然面对不幸。

快 乐 现 金

快乐可以是“支票”，也可以是“现金”。支票是对未来的憧憬。现金是眼下最直接的开心。切莫只想“支票”，丢了“现金”。

忘　　我

人的一生，就是寻找“我”的一生。真正找到“我”，恰是忘了“我”，“不是无我不是我，真我恰恰是无我”。

闲　　暇

人生最精彩的篇章：闲暇。

快乐有道

009

本　心

从生命与物质的“本命”，发展到精神与文化的“本色”，提升到心灵与宗教的“本心”。拾阶而上，便能进入人生觉悟的妙境。

正　信

拜佛，弯下身体，学会谦卑。念佛，一念提起，万般放下。合掌，十指连心，心底清净。

迷　信

求命不求心，念经不修行，求福报不求佛道，求自己不求众生。

人生的问题

人生的问题无非两个，一是肚子问题，那是吃不饱饿的；二是心情问题，那是吃饱了撑的。

与生命相约

心平气和，培养正念，安注当下，与生命相约。

人之“三心”

“当心”，当下的心；“安心”，安于当下的心；“关心”，关照自己和他人的心。

觉　知

人既是自己的心，也是心的观察者。前者是“知觉”，后者是“觉知”。

生　　活

生活，生靠父母，活靠自己；生活，生下来，好好活。

为何团团转

为何团团转，只因绳未断。

简单其实很快乐

快乐其实很简单，简单其实很快乐。

恶 与 愿

“恶”，“亚”“心”，非主流的心；“愿”，“原”“心”，原生态的本心。

闷

闷：心在门里；“开心”，打开心门。

枉活一世

人生一世，“快乐”二字；远离快乐，枉活一世。

家

湛然一片真如性，逐本还源便到家。

安顿此心

向外：探索、求知；向内：反省、明性。觉而不迷，正而不邪，净而不染，安顿此心。

正　　心

不生气，不着意，不贪求，不牵念，不被万物累身，不被利欲熏心。

人 生 之 圆

满足身体和物质的需求——人生的小圆；满足文化和精神的需求——人生的中圆；满足心灵和宗教的需求——人生的大圆。

人 生 信 条

气柔、骨硬、志大、胆小、远虑。

菩 提

心无贪求是静谧，心无散乱是安定，心无迷惑是智慧，心无烦恼是菩提。

运　　命

凡人由命制运，智者以运制命。“命运”，也是运命。

本　色

人，活于角色，很累很烦；活于本色，很乐很甜。快乐很快，喜乐很久，快乐于身，喜乐于心。

人之两……

人有两只眼，两面都看；人有两只耳，两面都听；人有两只手，有舍有得；人有两条腿，有退有进。

我的心情我做主

我的身体我维护，我的心情我做主。

内心的折射

头发凌乱，你不会把手伸向镜子。改变外界境遇，务必关注自己内心。

境 随 心 转

难以改变的是事实，可以调控的是心境。境随心转，就是修行。

宗　　教

“宗”，人生的宗旨，“教”人生的教育。

“宗教”，人生宗旨的教育。

提起与放下

要提起，也要放下，不放下，就无法提起；要向前，也要停下，不停下，就难以向前；要取得，也要放弃，不放弃，就无法取得。

明 心 见 性

明心见性之路，是内心的探索，而不是外在的寻觅。

人生如文章

幼时是儿歌，青年是散文，中年是小说，老年是回忆录。

内　存

生活无论远近，都有诗意。删除负面情绪，扩大快乐内存。

植福心田

心田不植福，即生无名草，铲除恶念罪孽，生发良知良行，即获福德慧果。

知己者“智”

知己者“智”，知人者“慧”，若要人知，先要知己。

悲　剧

现代生活光怪陆离，心灵被头脑发明的科技奴役。

生 活 禅

从容不迫，不慌不忙，不急不躁，不徐不疾，培养正念，感知当下。

忘 记 过 去

忘记过去，才有新的开始。

知　觉

有人先知先觉，有人后知后觉，有人现知现觉，有人不知不觉。

享受生命

把时间都用于追求外在物质，又无节制地消费，这并非是享受生命，只是在使用生命。

福慧双修

鸟有双翼，能高飞；车有两轮，能疾驰；人有两足，能前行；福慧双修，能成材。

立定脚跟

靠山，山会倒；靠人，人会跑。自己立定，最可靠。

生命的层次

浅层次：化妆修饰，仪表堂堂；中层次：运动营养，身心健康；深层次：完善人格，心中有光。

明智的人生

明智的人生：前半生“不犹豫”，后半生“不后悔”。

加法与减法

人生，上半段做加法，下半段做减法。

老　　年

少年时取其平，中年时取其实，老年时取其精。舍其不当有，舍其不必有。

心　　态

以明亮的心情看人生，人生给你的是阳光灿烂；以阴暗的心情看人生，人生给你的是阴雨绵绵。

一无所有

拥有一个“无”，就拥有了所有，那就叫“一无所有”。

得　失

得即失，谓“得失”，舍即得，谓“舍得”，福则气，谓“福气”，积则累，谓“积累”。

需要与想要

满足需要，简单快乐；满足想要，烦恼不少；要得越多，烦恼越多；要得越少，烦恼越少。

真　境　界

从生活境遇远不如你的人身上看出可羡慕之处；从生活境遇远比你强的人身上看出值得同情之处。

攀岩与攀比

攀岩，累的是身；攀比，累的是心。

幸　　福

幸福好比蝴蝶，你越追，它飞得越远；而在你不经意间，它已悄悄停在你身边。

抬　头

低头，满地泥泞；抬头，满天繁星。

味　道

味道，尝其味，知其道。

珍惜今天

昨天是已过去的今天，明天来临时，已改名叫今天。

禅　道

遇事想得开、看得透、拿得起、放得下，处世明白，为人豁达，宠辱而不惊，毁誉而不计。

奋　起

与其沮丧，不如奋起。

多 笑 少 哭

人出生时，自己哭；人去世时，别人哭。两头都是哭，中间，多笑少哭。

自在人生

人生在于分清能要和该要，明白能要到的不一定该要，该要的不一定能要到。自在人生：能有，很好；没有，也很好。

减　省

人生减省一分，便超脱一分。

悲惨三部曲

钱在银行，透支健康；钱在银行，人入病房；钱在银行，人进天堂。

反　　比

房子大小，与在家的时间多少成反比；房价高低，与邻里间的关系深浅成反比。

烦　　恼

人之烦恼，或为已过去了的事后悔，或为还未来的事担忧。化解烦恼：过去，过了就去；未来，来了再说。

降 低 需 求

失望的烦恼，用降低需求来解决。

知

知足常乐，关键不在“足”，而在“知”。何时足？“知”足便足！

存 在

牙痛，牙存在；腰酸，腰存在……当你觉得自己身体的某一部位存在，便会不自在。

身体如此，思想呢？

清 福

洪福人人会享，清福呢？

人 生 有 度

钱多钱少，够用就好；官大官小，太平就好；穷日富日，安稳就好；能吃能跑，无烦无恼。

句　　号

人生中的逗号、分号、问号、感叹号、省略号，最终构成了一个完整的句号。

人生三阶段

小时，属于父母；成年，属于社会；老来，属于自己。

珍　惜

快乐不一定拥有最好的东西，只是珍惜人生道路上遇到的每一样东西。

我

既是烦恼之根，也是快乐之源。

人生的资产

人生的最大负债是绝望，最大资产是希望。

享受人生

对人生，看透，不看破；对生活，享受，不沉湎。

自　　信

没自信，能行难行；有自信，难行能行。

心是总导演

命运自性格来，性格自习惯来，习惯自行为来，行为自思想来，思想自心灵来——人生是舞台，心是总导演。

快　　乐

内急时，与其给我一碗鱼翅，不如告诉我厕所的位置——快乐只是满足一时一事的需要。

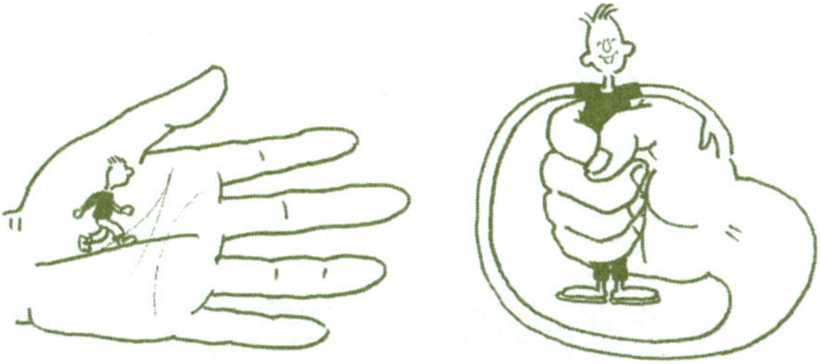

命 运 线

命运线，人人都有，握起拳，命运在己手。人生如舞台，我们是演员，精彩的人生每天都直播，不分前台和后台。

人生真味

色有七彩，韵有七律，人有七情。甜酸苦辣麻咸香，人生真味。

心脏，心“脏”

世风清浊，看空气便晓；道德高低，看环境便知。生命的源头在心脏，污染的源头在心“脏”。

面对太阳

面对太阳，阴影总在身后，背对太阳，阴影总在眼前。

小 富 即 安

穷，不安；太富，也不安。小富即安。

享受每一天

人生两大目标，一是拥有你所向往的，二是享受你所拥有的。

真正的生命

真正的生命，不是从生命诞生开始，而是从自我觉悟那一刻开始。

心灵对应

幸福不由外在物质决定，在于心灵如何与生活对应。

福　气

福和气紧相连，有气才有福；你受多大气，就享多大福。

幸福在多少之间

幸福在哪里？在多与少之间，留一半清醒留一半醉，至少梦里有你相随。

慢 与 疾

“慢”，柔曼的心；“疾病”，因“疾”而病。

不求 完 美

当悟到不求完美之时，便是享受美好人生之始。

断 舍 离

断不需之物，舍无用社交，绝苦恼执着。断、舍、离也是对人生的整理。

大　与　小

人生的前半段要大：胸怀大目标，向往大城市，干番大事业，住住大房子。人生的下半段要小：喝喝小酒，打打小牌，哼哼小曲，住住小城市，逗逗小孙子，过过小日子。

随心所欲不逾矩

大海不知疲倦，一浪又一浪，一波又一波……随你怎么评价，管你欢喜不欢喜。这就叫：“随心所欲不逾矩”。

人生“性价比”

以最小的物质代价活出最高的人生质量。这，是一种艺术，更是一种智慧。

和自己过不去

所有的痛苦和情感折磨，都只是由于自己和自己过不去。

来日方长

活于当下，来日并非方长。若不快活，来日方长也是白搭！

舍 即 得

“先舍后得”？不对！任何付出，回报都在当下。

富 与 穷

世上，有人，富些、再富些，富得只剩下了钱；有人，简单些、再简单些，简单得只剩下了幸福。

成功的标准

成功的标准只有一条——幸福！

命 与 运

人生的幸福不在命，在运；运不在等，在选！选可转运，运可转命！

河 流

生命如河流，永不停息。大海并非水的归宿，水流经的地方就是它的归宿。

幸 福 三 问

你有什么？你要什么？你放弃什么？

快乐先生妙语

048

内心的价值

人可以随着年龄的增长而贬值，也可以随着年龄的增长而增值。这，取决于内心的自我价值！

HaPPy 回归原生态

由　　自

自由的最好解释：“由自”。

知足与感恩

因为感恩，所以知足，因为知足，所以快乐。树高赖根深，快乐缘感恩！

快乐的基点

降低快乐的基点，常常哄着自己开心。哄着哄着，快乐就成了一种习惯，如此，人生幸福也就有了保证。

快乐先生妙语052

正　能　量

在权势、金钱、诱惑面前不沾不黏，云淡风轻，不被无谓之事牵引。

登　　顶

登至半山，稍一驻足，回眸远眺，同样满目青山。明白于此，生命便安顿，人生就安定。

天　　真

天真，近天，则真。

“馋”“缠”“禅”

要快乐吗？很简单，不“馋”，少“缠”，多“禅”。

因　果

该来的总会来，不该来的求不来。种下南瓜，不会长出西瓜。

归　宿

奋斗一生，带不走一草一木；执着一生，带不走一分虚荣爱慕。无论贫富，都走向同样归宿。

天上的馅饼

天上的馅饼，掉到脖子上成圈套，掉到地上成陷阱。

选　择

你若爱，生活哪里都可爱；你若恨，生活哪里都可恨；不是世界选择了你，而是你选择了世界！

规 律 是 铁

规律是铁，谁碰谁出血！

夕阳不会无限好

夕阳不会无限好，快乐一秒是一秒！

心　病

“患”字，一串心；“患病”，一串心病。

保持原生态

快乐其实很简单，心情保持原生态！

信　仰

信仰，信而仰，仰望幸福，仰望安康!

人生的遗憾

有闲时，没钱；有钱时，没闲；有钱有闲时，身体没本钱。

与　其

与其下游抗洪，不如上游植树；与其住院痛苦，不如日常维护；与其气管发炎，不如早点戒烟；与其肝脏硬化，不如白酒少喝……

儒　道　佛

人与自然的关系，交给道家；人与人的关系，交给儒家；人与自己的关系，交给佛家。

找到自己

人生最精彩的，莫过于放下欲望去行走，享受旅途中的美景和际遇，在不经意中遇见美好，找到自己。

身心灵

道养身，儒养心，佛养灵。健康就在身心灵。

胖子

一口吃不成胖子，但，胖子是一口一口吃出来的。

养生十要

一切归零，两腿要勤，三思而行，四时顺应，五谷常食，六根清净，七分即饱，八时睡眠，九九践行，十分欢欣。

提心吊胆

心若不放，提在手上——提心；心一提，胆就吊——提心吊胆。

养生三原则

吃菜要吃素，穿衣要穿布，当官要当副。

命　运

命运，就是在无数十字路口的选择。生命的质量，是你一生选择的总和。

不　容　易

过一天很容易，但要用和别人相同的时间，创造出专属于自己的快乐，不容易。

淡

淡些，再淡些，不仅仅是饮食。

宽 窄 在 心

心宽路则宽，心窄路则窄。人生，宽窄在心。

两个都在路上

身体和灵魂，两个都在路上。读书使你睿智，始终充满朝气，走路让你年轻，使你更接地气。天地之气，让你充满灵气！

大 鸭 蛋

真作假来假作真，临终落个大后悔；加减乘除无限算，到头还是大鸭蛋。

随　便

随和，随就平和；随便，随就方便。

人生水立方

人生有长度，那是寿命长短；人生有宽度，那是生活质量；人生有高度，那是境界高低。

平　衡　木

人生如走平衡木，左左右右，在不平衡中寻求平衡。身体如是，心灵如是。

积“累”

肩挑大粪，很辛苦；肩挑黄金，同样很辛苦。积累，积“累”

快乐先生妙语

064

摄 心

向内，向内，人生幸福的密码——摄心。

不了了之

不了，就是了之!

柔 软

柔软不是懦弱，是力量的内敛、善良的体现、境界的坚守。

结　果

人生不讲如果，只讲结果。

剩　闲

自古“圣贤”多寂寞，如今“剩闲”很快活！

明白人

明白人，既在于看清了多少人，也在于看轻了多少事。

快 乐 因 子

不为所无而忧，常为所有而喜。

认　　知

明白了人活着的根本是为了什么，就会明白如何不虚度此生。

自　　爱

人要自爱，但太自爱，易受伤害。

柔为乐之源

柔则顺，柔顺；顺则畅，顺畅；畅则快，畅快；快则乐，快乐！

快乐先生妙语 068

无为无所不为

无为，无违背自然的行为。顺应万物，无所不为。

快乐不用多

快乐不用多，每天一点点。

不 变 随 缘

变是唯一的不变。随缘不变，不变随缘。

神　　通

什么叫神通？把烦恼弄通！

活　　动

活动，要活就要动。容颜易老，只因活动太少。

自省自悟

自迷自幻，自省自悟；看透了，自然放下；想通了，当下开心。

养　　生

基本吃素，天天走路，装装糊涂。

大智若“余”

时有余暇，袋有余钱，事有余地，家有余庆，常有余兴。

自　　由

有能力，有底气，说“不”！

自　在

人生百分之八十的烦恼，来自于：别人会怎么说?

不看别人怎么活，也不活给别人看。

只顾自己，不与人比；只顾开心，没空烦心。

找到自我

人，总因不再寻求，这才找到自我。

驴

驴一生走的路是马的两倍，但驴永远只是在原地打转。

善

山，有高峰，有低谷。善，没有。

觉　　悟

人，离天越近，觉悟越高。

自然简约

以自然简约为生活的追求，才有身心的长久幸福。

距　　离

常让自己和外在境遇保持距离，便少受祸福得失的支配。

遗　　憾

人生的遗憾，莫过于做了他人眼里的“完”人，却永远错过了自己。

快乐一天

无论是昨天还是今天，是雨天还是晴天，只要平安，都是快乐的一天。

礼　　物

世上没有人会拒绝的礼物——快乐！但，那需自己送给自己。

马　拉　松

人生是场马拉松，输赢不在起跑线。

同　　学

人生是所大学校，学生就是学人生。此生有缘做同学，不分先生与晚生。

走自己的路

各人头上一片天，各人脚下一条路。走自己的路，不管别人怎么说。

禅　宗

佛法就是活法，日常就是禅宗。

死去活来

生是死的起点，死是生的终点。生时快乐，死时泰然，死去活来，好去好来，善始善终，顺其自然。

行云流水

心灵淡若如水，人生便如行云流水。

交　给　风

把不开心的事，留在昨天，交给风……

把好日子过好

过上好日子，靠聪明；把好日子过好，靠智慧。

当　　下

在生命的天平上，只有两个字：时间；在时间的大钟上，只有两个字：当下。

过　去

风吹疏竹，风往竹不留声；雁度寒潭，雁去潭不留影；船行大海，船过水不留痕；过去，过了就去。

静

水映万物，须在“止”时，起伏不定，难有倒影。躬身反省，当在“静”时，终日奔忙，难见自性。

体

体：人之本。人生：健康是核心。

养生行酒令

只要感情深，什么都是酒；为了身体好，能喝多少算多少。

闲来一杯茶

功名利禄无穷尽，不如闲来一杯茶。

求　　索

悟道，上下而求索；贪婪，上求而下索。

圆 满 人 生

以完善自我为圆心，以善待他人为半径。

出世与入世

以出世之心，行入世之事。出乎其外，故有高致，入乎其内，故有生气。

大

无病健康——人生第一大乐；知足常乐——人生第一大富；得道觉悟——人生第一大利。

主　与　奴

钱成了主，人就成了奴；人成了主，钱就成了奴。

“悟空，救我”

妄念本无来由，一觉即知。烦恼实无出处，一观即空。

“悟空，救我”——唐僧每每以此化险为夷。

对　付

病中见福，福中见祸，苦中觅乐，乐中虑苦，人生路上，什么都能对付。

气　球

因浮躁而高傲，因膨胀而毁灭。

生　命

来是偶然，去是必然，来时自然，去时坦然。

安身立命

生活有着落，精神有寄托，俯仰天地，身心俱足。

发脾气

或是缺乏自信，或是缺少能力。

争先恐后

走到人生尽头，这才明白，生活原不该如此争先恐后。

新世界

用婴儿的眼睛看世界，就会发现一个新世界。

心情

得也好，失也罢，穷也可，富也行，活着，是一种心情。

笑到最后

人哭着来，谁是生活的智者，看谁笑到生命最后。

丧　失

一个人赚得了盆满钵满，却丧失了自我，又有何益？

富　贵

富贵，由富而贵。富，是财产的累积，贵，是精神的升级。

化忧为欢

能在烦恼中化解烦恼，才是真正没烦恼；能在忧虑中心生欢喜，才是真正大欢喜。

良　缘

最大的开心——健康与快乐喜结良缘。

富与贫

富中贫，身在福中不知福；贫中富，生活清贫心常足；贫中贫，生活清贫不思进；富中富，身在福中常惜福。

悲　　哀

孔雀之所以不能像大雁自由飞翔，是因为拥有令人炫目的美丽。

快乐先生妙语088

起　伏

四季因变化而有真美，人生因起伏而有真味。

当　下

抓住当下，也就抓住过去，因为当下马上就成过去；抓住当下，也就抓住未来，因为未来全赖当下。

什么都好

坐得住是定力，跑得动是活力；出力多是实干，出力少是巧干；吃得多是胃口好，吃得少是身体好。什么都好，没啥不好！

悲 喜 剧

人生百分之八十的喜剧和钱无关，人生百分之八十的悲剧和钱有关。人不能把钱带进坟墓，钱却会把人拖进坟墓。

快乐先生妙语090

眼　睛

人之所以长两只眼睛，是因为：一只无限地向外探索未知世界，一只不断地向里反观内在心灵。

健　康

健康不是一切，失去健康，便失去一切。

鲜花与垃圾

生活在鲜花丛中，久而久之，自己也就成了鲜花；生活在垃圾堆里，久而久之，自己也会变成垃圾。

遇　雨

有人责骂：这个“死天”；有人自责：忘了带伞。

心闲与心静

但得心闲处处闲，莫拘城市与深山；守得心静处处静，不分黑夜与白天。

和　平

和是因为平，平是因为和。心平气和，身安喜乐。

关　联

心灵的丰富与钱包的鼓胀无关联，文明的程度与学历的高低不相干。

应无尽无

有人拥有很多，同时烦恼也多；有人拥有很少，烦恼也少；与其应有尽有，不如应无尽无：无病无灾，无烦无恼。

硬道理

社会进步，发展是硬道理；人生之路，快乐是硬道理。

外　　援

开心靠自寻，从不需外援。

棋

人生如棋，一着不慎，全盘皆输；人生不如棋，无法再来一局，不能悔棋。

状　　态

体态、心态——决定生活状态。

快 乐 护 照

生命的旅程若没有快乐，到不了天堂。通往天堂的幸福列车，须持快乐护照。

快 乐 指 数

快乐指数不取决于分子，取决于分母。分母：内心的欲望；分子：实际的现状。

活 出 自 己

吃饭就是吃饭，不要百种思索；睡觉就是睡觉，不要千般忧虑；与其争名夺利，不如活出自己。

常　　乐

没有奢侈品，不缺必需品，肚子饱，心情好。

心　念

青山原不动，白云任去来，是苦还是甜，全在于心念。

放下烦恼

放下烦恼，其实简单，角度一转，豁然开朗。横看成峰，侧看成岭，以心转境，欢喜平安。

人　格

人格的完善：大事不糊涂，小事不疏忽。

少

身上事少，自然烦少；口中言少，自然祸少；腹中食少，自然病少；心中疑少，自然忧少。

诞　生

人再伟大，也是在无声中孕育；人再渺小，也是在哭声中诞生。

童　心

活到老，学到老。学什么？就学“小”。保持纯真童心，人生最大法宝。

贪　欲

要很多东西，那是奢侈；要一切东西，那是贪欲。

适 者 长 寿

不偏不倚，不左不右，不愠不火，不冷不热，不紧不慢，不急不躁，合时合宜，适者长寿。

远　　近

想离健康幸福近些，离不良习惯远些。

生　　命

恋爱可以再谈，工作可以再找，钱财可以再挣，历史可以再演，生命不会再现。

自　　我

自我越小，世界越大，欲望越少，快乐越多。

幸福皮球

幸福有时像皮球，你越碰，它越弹，离你越远；你不碰，它不动，就在身边。

真小人

真小人，伪君子。我宁愿选择前者。

出身

耶稣出身贫寒，终成天主；释迦生于皇宫，而为佛祖。圣人不问出身，觉悟不论贫富。

放　下

早放下，晚放下，早晚都放下。

心　胸

波浪多高，船有就多高；心胸多宽，前程有多宽。

淡　定

是神情，是心情，更是心灵。

人生遗憾

觉悟太慢，衰老太快，人生太短。

HaPPy 让人生归零

消费原生态

衡量现代人生活水平高低的标准：今天，你消费了多少原生态？

必须与欲望

满足“必需”，可带来快乐；满足“欲望”，常带来烦恼。

弯　路

多走弯路，意味着比别人多看到风景，人生也是……

素心无嗔喜

浓于食，生病；浓于利，会生贪；浓于情，会生痴；浓于名，会生怨。淡定、淡泊，生活有浓淡，素心无嗔喜。

敬 圣 贤

与其傍大款，不如敬圣贤。

加 减 乘 除

人生只是加减乘除，只要总账清楚，切勿只计小数，不计大数。

累

横竖不顺眼，累的不是眼，是心。

想

常想生命中什么是你的最想，没想出来？继续想。

知“道”

何为“知道”？一是“知”，二是“道”。知什么？要知“道”。只有常悟“道”，才能真知“道”。

忽　略

拥有太多用钱买的东西，往往忽略了不用花钱买的享受。

乐 观 者

悲观者的眼里，生活的一半是烦恼，另一半是如何消除烦恼；乐观者的眼里，生活的一半是快乐，另一半是如何享受快乐。

拥　有

有的人，与其说是他拥有了财富，不如说是财富拥有了他。

老年人生三原则

安排好自己的事，少管别人的事，不管老天的事！

利　弊

忧和喜同样费神，哭和笑一样用力。哪个是利？哪个是弊？

回　　程

时间不能储蓄，生命没有回程。

过 犹 不 及

不能吃不饱，也不吃太饱；不能太忙，也不太闲；不能太胖，也不太瘦；不能没钱，也不太有钱；不能不开心，也不太开心。万事万物，过犹不及。

字 以 群 分

安静，安则静；浮躁，浮则躁；冷清，冷则清；热闹，热则闹；简单，简则单；复杂，复则杂。静、清、单，与精神关联，躁、闹、杂，与物质连接。物以类聚，字以群分。

不　见

看不见，或是太暗，或是太亮；不快乐，或是太穷，或是太富。

乐其得“自”

自得其乐，乐其得“自”，开心是自寻，烦恼是自找。既有穷开心，也有富烦恼。

肥 皂 泡

肥皂泡，五彩斑斓，令人向往，两手去抓，一场空忙。世事如梦如幻，很多美丽仅供欣赏。

登　顶

没有登顶的束缚，才有登山的自由，人生如是。

幸福由心不由境

诸佛妙道，心道为要，普世真理，心法而已；人生由我不由天，幸福由心不由境。

心病还须心药医

以静心对动心，以信心对疑心，以真心对妄心，以寻常心对得失心。

鸡　蛋

鸡蛋，由外打破，是食品；由里打破，是生命。

人生信条

在不同的阶段，把时间花费在不同的事情，然后遇见更好的自己。

求　无

欲求人生安乐，当从无求做起。无求者，求无。

耕 耘 快 乐

心灵是沃土，用微笑施肥。

人生两大乐

追求所无，享受所有。

明　　白

小时候，快乐是件东西，拥有就幸福；成长时，快乐是个目标，达到就幸福；长大后，快乐是种心态，明白就幸福。

纯 真 天 性

忧伤是人的低级本能，快乐是人的纯真天性。

完 美 无 缺

完美无缺的本意：如果美得“无缺”，那个美，也就“完”了！"

长身体与长心眼

小时候，长身体，很天真、很快乐。长大了，长心眼，很辛苦，很烦恼。

心 如 水

水的清澈，在于能够沉淀；心的通透，在于明白取舍。

生 命 如 花

每一朵花都有自己的娇媚，不会失落徬徨，生命如是。活出真我，幸福像花儿一样绽放！

快乐找上你

丢掉负面的情绪，留下正面的情感，快乐常会找上你。

一　　半

好心态，一半在性格，一半在涵养。

多　与　少

多是负担，是另一种失去；少非不足，是另一种有余。

风　　景

快乐就是用心采集生活中的点点滴滴，把甜酸苦辣都当作人生旅程中的风景。

琢　磨

当你没有闲暇用来琢磨自己是否幸福时，你是幸福的。

舍

年轻要取，老来要舍，当舍就舍，包括生命。

圣　贤

膨胀优点，萎缩缺点，就成圣贤。

噪　　音

只要心情好，噪音也美妙。

药　　方

人生，你的名字叫烦恼；药方，只要快乐今宵。

健　　康

把手放在胸口，感受心脏的跳动——那是你生命之钟在摆动。滴，是健；嗒，是康。

简　　单

活得简单，但不是简单地活着。

要 与 带

婴儿出生时都紧握双拳，仿佛在说：我什么都要；人离世时都摊开双手，仿佛在说：我什么也带不走。

计　　算

乐观的人，随时在计算自己有多少开心；悲观的人，随时在计算自己有多少不幸。

难得糊涂

聪明人，糊涂一时，聪明一世；智慧者，聪明一时，糊涂一世。大智若愚，难得糊涂！

数　　数

气恼时，可以数数；如果还气恼，继续数数。

忧　　患

人在忧患中渴望欢乐，但，一旦沉溺于欢乐，就有忧患。

可 歌 可 泣

可歌可泣，有多少可歌，必有多少可泣。

两 头 真

年幼是天真，年老是觅真，真心真情真人生。

人 生 价 值

别拿自己的人生和他人比，与别人的不同之处，正是你的人生价值。

虚　名

虚名，犹如假钞。

放风筝

顺风而上，借力使力，进退得宜，收放自如。既是放风筝，也是人生。

自得其乐

或是取得你所有的，或是珍惜你已有的。前者常在压力之中，后者常可自得其乐。

慧　心

成熟后的童心，成功后的平常心。

人生的行囊

世俗的偏见、物欲的躁动、追逐的劳累……人生的行囊中，很多可以摒弃。

跑

我们不停地跑，但有没有停下来想一想：是不是跑向幸福？

心　态

有人说：太阳每天都会落下；也有人说：太阳每天都会升起。积极的心态像太阳，照到哪里哪里亮；消极的心态像月亮，初一、十五不一样。

难得糊涂

难得糊涂，糊涂是保健良药，大智若愚，愚是人间禅道。

退　休

与命运和解，生命进入缓冲岁月……

潇　洒

潇洒者，比精彩者，多一份自在；比自在者，多一份精彩。

幸福多面观

有人指望别人给他幸福，有人自己创造幸福。有人辛苦地追逐着远方的幸福，有人总是把身边事变成幸福。

助　燃　剂

智慧、健康、财富——人生快乐的助燃剂。

环　境

从不认为自己能改变环境的人，也从来不愿让环境改变自己。

良知与魄力

良知——决定人生方向；魄力——决定人生步伐。

排　场

有大气象者，不讲排场；讲大排场者，露小气象。

长度与厚度

生命有长度：自然寿命；生命有厚度：快乐程度。

学　会　转

转个立场看问题，转个观念去考虑，转个角度做选择。一转，世界就变。

看破与看透

看破，什么也没有；看透，看得更清晰。看透不看破，才是真本事。

人生交响曲

少年是序曲，中年是快板，老年是慢板，把“音”“匀一匀”，人生便有“韵”。

忘　记

忘记烦恼，忘记忧愁，忘记苦涩，忘记失意，忘记名利，忘记挫折，忘记过去。

发　呆

发呆——快节奏时代的奢侈品。暂停——才能找到真实的自己。

平 常

以平常心对得失心，说平常话，做平常事，过平常日，一生太平。

观 音

众生皆有佛性，若能慈悲喜舍，人人都可成为观音。

行 正 道

闲来检点平生事，静坐思量日所为，常存一心行正道，自然天地不相亏。

遇 上 自 己

人生路上最美妙的，莫过于遇上最美的自己。

一“定”成功

人若一“定”，便能成功。

养生“三七”开

三分治，七分养；三分靠医生，七分靠自身；三分在遗传，七分在后天；三分天注定，七分靠打拼。

自作自受

人生都是自选题，你的选择决定了你的境遇。

逐　宁

人生的幸福不在逐名，在逐宁：心的宁静、生活的安宁。

末日心态

人如何才能活出完全不同的境界——用末日的心态去活。

信　　仰

洗刷我们灵魂中日积月累的灰尘。

追　　求

一辈子都要“做好自己”，而不要变成“自己也讨厌的样子”。

适者有寿

时间就是生命，若是疲于奔命，终会因而短命。

生　死

人握着拳头来，仿佛说："我什么都要。"但离开人世时，都摊开手掌，仿佛说："看吧，我什么也带不走。"

盯　死

温饱后，钱的效用递减，变化的只是后续的零。当你盯死了这些零，也就盯死了生命。

自 助 餐

人生就是自助餐，天不助人人自助。

养 生 要 诀

养生要诀：管住嘴，迈开腿，多喝水，早点睡，装糊涂，没心肺。

延 长 生 命

与其询问医生：尚有多少余命？不如询问自己，如何延长生命？人终会离世，但何时离世，终由自己决定。——并非只是对癌症患者的忠告。

狠 一 点

有时，人对自己狠一点，正是为了对自己好一点。

回 眸 一 笑

人生，需要的不是执着，而是回眸一笑。

人 生 课 堂

人生教育的最佳课堂：火葬场、墓地。

心　　房

治愈忧郁的药物，不在药房，在心房。

随　　缘

无常既是生命中最严酷的现实，随缘乃成为生命中最大的浪漫。

警　　示

人生如梦，逝者如斯。大江东去，恰是最好的警示。

根　基

根基越牢，生命之树越不会在狂风骤雨中动摇！

算 什 么

“大风起兮，云飞扬”。天地有大美，万古洪荒。置身极致，方体悟生命之苍茫：身边的小破事，算什么？

活出自我

宁拙不巧，宁丑不媚，不迎不拒，不卑不亢，活出自我，难掩真美。

病

有病不吃药，那是愚昧。无病乱投医，那是无知。

宴　　席

月圆之后，必有月亏；翠绿之后，必有落叶。天下没有不散的宴席，狂欢之时，寂寞受孕。

道

道可道，非常道。道，原在日常功用间。万缘放下，唯心可观。

生命的要义

生命的第一要义：红尘中修行，修行中安顿生命。

亲　　证

书中得来总觉浅，生命，缘于亲证。

放　　下

有繁华，才有繁华落尽；没有过提起，哪会有放下？

从　　容

既然没能诗意地年轻，那就从容地老去。

文　　化

有文化不一定行，没有文化一定不行！

呼　　吸

生命中，你是否曾经认真地觉察过自己的呼吸？

知　　了

知足常乐，关键在“知”。知了，缺也不缺；不知，不缺也缺。

明　　天

“为了明天的幸福”——多少牺牲健康的生活以汝之名而行之！

知行合一

修行，修了就行。知行，知了就行。知而不行，等于不知；行而不知，等于未行。

忙闲

岁月本长，忙者自促；天地本宽，卑者自隘；风花雪月本闲，劳碌者自冗。

读书

是否读书，决定视野；读什么书，决定方向；怎样读书，决定境界。

牢　笼

最难对付的对手是自己，最难冲破的牢笼是心灵。

失　误

不要为失误而哭泣，失误，只是生活中的一个小插曲。

异想天开

癞蛤蟆想吃天鹅肉，不应嘲笑讽刺，那是一种崇高的追求。异想天开，方有飞船上天。

报之以歌

生活尽管以痛吻我，但我仍报之以歌；旅途中所受的苦，终将变成火把，照亮前行的路。

考　试

人生是场考试，对生活不能交白卷。

学　问

存款再多，也怕只提不存；学问再高，也怕只学不问。

举　重

拿得起，放得下，那是举重；拿得起，放不下，那是负重。拿得起，需要能力；放得下，需要智力。

活　鱼

能逆水而上的，一定是活鱼。

否　定

自己不否定自己，会被对手否定；与其别人否定自己，不如在别人否定之前先否定自己。

成　功

什么叫成功？成了便有功！什么是成了？无非是在合适的地方遇上合适的人，做合适的事。

与　其

与其抱怨，不如祝愿；与其失望，不如期望；与其追逐，不如知足。

渐入佳境

知道怎么选择，明白如何坚持，懂得怎样珍惜。

生命之花

不必争艳，孤芳自赏。每个生命都可开出属于自己的花！

角　度

变个角度，世界便变了样子。

垃　圾

没有用的东西，再好也如垃圾。

再想想，垃圾是什么？无非是放错了地方，但仍有用的东西。

命　运

人生的命运在于变“不可能”，为：不！可能！

善与恶

善，结缘；恶，积怨。

开

视野要开阔，思想要开放，潜能要开发，视野要开创，脑袋要开窍，吃饭要开胃，心情要开朗，观念要开通，处事要开明。

一览众山小

前提是：从知识走向知道，从聪明走向智慧，从知觉走向觉知。

戒　怒

何为怒，“心”之“奴”。

自足与自惭

常思别人命运不如己，可自足；常思别人能力胜于己，可自惭。

智　者

山重水复、风尘起落间，始终携一颗从容淡泊的心，是智者。

生 命 品 质

生命的品质，决定于一个人把时间、精力、金钱用在什么地方。

人生大幸福

无数可持续的“小确幸”的累积。

健 康 之 本

用全身心的爱迎接每一个全新的今天，让身上的每一个细胞都鲜活存在。

唤　　醒

唤醒那个自在的本我，展现在天地间。要唱就唱，要说就说，要玩就玩。